U0965705

科技论文写作与发表教程

第 7 版

［美］罗伯特·A·戴
芭芭拉·盖斯特尔 编著

顾良军　林东涛　张　健 主译

译者（按姓氏笔画排序）：

孔朝霞　王中立　王冠龙　刘　娟
刘梦菡　张　洁　张恒权　陈　姜
陈　博　陈正方　范晓晖　顾良军
康　敏　黄　芳　蒋兰慧　谢　红
熊　婉　蔡和兵　魏佩芳

中国协和医科大学出版社

图书在版编目（CIP）数据

科技论文写作与发表教程：第7版／（美）戴，（美）盖斯特尔编著；顾良军、林东涛、张健主译. —北京：中国协和医科大学出版社，2012.7

ISBN 978－7－81136－674－7

Ⅰ. ①科… Ⅱ. ①戴… ②盖… ③顾… Ⅲ. ①科学技术－论文－写作－教材 Ⅳ. ①H152.3

中国版本图书馆CIP数据核字（2012）第097689号

本书根据美国ABC-CLIO, LLC 2011年出版的《科技论文写作与发表教程》（第7版）译出。

出版外国图书合同登记　图字01-2012-1102

科技论文写作与发表教程（第7版）

编　　著：［美］罗伯特·A·戴　芭芭拉·盖斯特尔
主　　译：顾良军　林东涛　张　健
责任编辑：顾良军

出版发行：中国协和医科大学出版社
（北京市东城区东单三条9号　邮编100730　电话010－65260431）
网　　址：www. pumcp. com
经　　销：新华书店总店北京发行所
印　　刷：北京玺诚印务有限公司

开　　本：850×1168　1/32
印　　张：11.5
字　　数：270千字
版　　次：2013年1月第1版
印　　次：2020年9月第6次印刷
定　　价：30.00元

ISBN 978－7－81136－674－7

一本“烹饪书”的魅力

——《科技论文写作与发表教程》第7版中文版序

收到芭芭拉（Barbara Gastel）寄来她与罗伯特·戴（Robert A. Day）合著的《科技论文写作与发表教程》(*How to Write and Publish a Scientific Paper*)(第7版)，脑海里浮现一段往事。26年前，芭芭拉在当时的北京医科大学（“北医”）教医学写作，同时每周有半天或一天来中华医学会给编辑讲课或在《中华医学杂志英文版》编辑室改稿，多有请教。当时她30岁出头，已有耶鲁和约翰·霍普金斯大学的硕士、博士学位，工作不久。平易、善良、认真，这是她给我的印象。她有坚实的学科知识，涉猎很广，特别是对美国科研写作现状的了解、对罗伯特著作的推崇。芭芭拉给我们提到的几本美国大学及科学界流行的著作就有罗伯特的这一本。她推荐北医的一位学员写了此书的书评，刊登在《中华医学杂志英文版》上，至今我还有那篇稿子的打字清样。芭芭拉在北医讲课就是以此书为教本的，可知这本被称作“怎样做”的“烹饪书”（cookbook）在芭芭拉心目中的地位、在美国院校内的风靡程度。出人意料的是，从2006年第6版起，她成了此书的共同作者，真可谓科技写作界一桩奇特的姻缘。说这些是想让同行知道这本书与《中华医学杂志英文版》和国内医学编辑甚至科研人员曾经有过一段关系。国内早期英文医学写作、编辑的培训，芭芭拉发挥了重要作用。我们要感谢她，特别是她主持的美国"中华医学基金"（China Medical Board）医学写作项目在国内获得成功，使众多的医学临床、科研、教学人员受益。

芭芭拉与罗伯特成了合作者，是两位在科学传播事业上的契合。"人事有代谢"，罗伯特年事已高，难以独立完成修订任务；但合作者必须了解科研写作、编辑、出版的现状和趋势，且参与其中，有经验，有著作，有研究、教学、写作能力。无疑芭芭拉是不二人选。

面前的第7版与前一版相隔5年，内容有了较大的修改，增删更易，增加了当今科学传播（写作、编辑、出版）的新思维和新方法，如数字和网络出版。我计算了一下，旧版29章6个附录到第7版已增至41章，内容与结构已焕然一新。第7版的目录已成八大部分：①一些基本知识；②撰写正文；③准备图表；④发表论文；⑤撰写其他类型的出版物；⑥会议交流；⑦科技论文的体例格式；⑧科学交流的其他题目。这些题目下有分节，一目了然，与上一版比体现了实用性和时代性。

新版不改"烹饪书"的初衷，纳入了期刊编辑讨论过的内容或现行做法。"辞尚体要，不惟好异"，全书改动100多处，或增加段落，修改时间、名称，添加数据库网址等。有标题的段落增加了70多段（长短不一）。如第8章增加了"说明贡献"（Specifying contributions）一节，这一段明显反映了国际主流期刊的做法，与《向生物医学期刊投稿的统一要求》(《统一要求》）的规定相一致。许多杂志要求作者标明每一位作者在研究中所起作用及其范围，事实上已有社会基础。第12章增加了“网上补充材料”(A supplement on supplementary material online）一节。许多杂志有网络版，而网上发表的文章篇幅长，补充材料或以方法居多，更详细，图表也多，这是纸本无法做到的；显然，网络有空间优势。

第13章“讨论”部分增加了“提及优势和局限性”(Noting strengths and limitations）一节。这些内容往往被作者在文章中忽略或闪烁其词；现在不少杂志在《稿约》中要求作者说明正反结果，如一些研究因样本小而存在结果差异，地域或技术方面的局限也能造成差异。这些内容在《统一要求》中已有描述，新版也相应作了补充、强调，作者、审稿人、编辑都有了解的必要。书中提的“倒漏斗”，是相对于“引言”的“漏斗”说的，形象生动，西方人并不陌生。换言之，“引言”由普遍到具体，而“讨论”则由具体（研究结果）引出结论（普遍概念），即所谓“导入”与“导出”之说。

第15章“参考文献”增加了3节，分别为“引文的电子辅助工具”(Electronic aids to citation)，“正文中的引文”(Citation in the text)，“引用文献时必须谨慎的另一个原因”(One more reason to cite carefully)。这一章修改范围很大，原有的“文献格式”增加了一节“电子文献处理系统”。这些是西方科技期刊作者和编辑使用十分普遍的工具了。第16、17章分别为表格、矩形图的制作，都增加了篇幅和要点“tips”。第18章“照片”增加了数字图片（digital photographs）的处理。

“发表论文”部分的第20章“投稿”和第21章“审稿过程”均有大幅度的改动。“投稿”增加了“电子投稿”的内容，包括电子邮件、附件、网址等的使用。网络加快了收稿、审稿、改稿、发表的时间，减轻了作者、审稿人、编辑的负担，也便于查询、协调。与此同时，磁盘、光盘投稿销声匿迹。与上一版比，传统投稿内容几乎重写过。第21章审稿过程，适时增加了防范和处理审稿人与相关人员之间的利益冲突的文字。此外，本书也纳入了“国际审稿大会”上讨论过的问题及处理办法。

紧接着有4个部分涉及其他出版物类型的写作，比如：会议交流文章；科学论文的风格；其他科学文章。这类文章是科研人员、编辑都会遇到的。科学刊物发表的文章不限于论著，还有别的。第23章是“如何撰写综述”。显然综述是科技刊物中常见的，引用率高。这部分增加了综述网站的内容，所嫌不足的是meta-分析、系统性综述（systematic review）未有涉及。第28章如何准备海报（poster），也提供了相关网站，无疑是学术会议参加者感兴趣的。第33章“跨文化和跨媒体的写作”讨论了电子邮件（email）的写作风格、网络写作，包括博客（blog）的写作。当今主流科技刊物都有网络版，栏目多样；甚至有网络视频，刊物主编类同电视节目主持人，内容有的已延伸到iPad、iPod、iPhone上。第34章“如何撰写外语（英语）科技论文。”对我国读者更有意义。这一章增加了“更多资源”一节，如发展中国家写作者可登录AuthorAID

网站获取帮助。第35章“如何撰写学位论文”和第37章“如何撰写基金标书”，“如何提交基金标书”都是实用的内容，而同类书鲜有涉及。“寻找研究资金”、“初步的信件和标书”、“如何投递标书”是增加的内容，无疑对我国科研人员是有帮助的。附录增加了一些网址，据此读者查阅资料很方便。

修订全书如果对科研写作、编辑缺乏足够的了解或参与，是难以措手的。芭芭拉致力于科学传播，包括写作、教学、编辑。除在世界各地讲学外，她还发起建立了AuthorAID网站，为发展中国家作者提供论文写作和发表方面的帮助。她担任《Science Editor》杂志主编10多年，组稿、编稿，巨细靡遗，竭尽所能。因此，新版与同类书的蜻蜓点水不同，著者知读者之所需，材料广泛，内容真切、新鲜。此外，全书可读性很强，时有幽默并可玩味的文字，充满哲思、智慧、识见、情趣。不断修订，紧盯科研写作、编辑、出版的变化，才使此书长销不衰、有世界影响力。

回味新版前言中的一段话：“科研人员必须既‘做’科学又‘写’科学。糟糕的作品常常阻碍、耽误优秀科研成果的发表。很遗憾，科学家的教育大多集中在科学的技术方面，忽略了传播艺术。结果许多优秀的科学家沦为蹩脚的写作者；当然还有许多科学家不喜欢写作。诚如查尔斯·达尔文所言，‘如果只作观察，从不写作，自然科学家的生活倒是幸福的。’”达尔文言语诙谐，但其中意思要反过来理解。“观而不作”与“述而不作”一样，当今时代是不可能的了，而且SCI文章已成口号。

值得庆贺的是，中国协和医科大学出版社要出新版的中译本，芭芭拉嘱我为之写序。我乐而为之。原因有二：推荐好书是乐事；几十年友情难却。

钱寿初

2011 年 11 月 27 日

中 文 版 序

作为一名作者，尤其是热衷于国际交流者，其著作能译成其他文字应是件大喜过望的事。我特别期待《How to Write and Publish a Scientific Paper》《科技论文写作与发表教程》(第7版）中文版的问世，它的出版重新将我生命中一些美好片断聚集起来。

故事要从20世纪70年代说起，当时我刚从医学院研究生毕业不久，偶遇一本新书，名为《How to Write and Publish a Scientific Paper》。因为已立志从事与医学传播相关的职业，见到此书，我异常兴奋，几乎一口气读了下来。我非常喜欢这本书，其内容充实，实用，易读，有时又不失趣味。不久，我接受了第一份大学工作，开设了一门“科研写作”的课程，以此书为教本。

任教第一年，我收到了一封信，推荐使用这本书及同一丛书中的其他书籍。写信人正是罗伯特·戴（Robert A. Day)。他是该书的作者，也是该丛书出版社的社长。我写信给戴，说我已经使用这些书了，并提议丛书可列入另一本书。戴回信，让我提交一份出书申请。这就有了我的第一本书《将科学交给大众》(《Presenting Science to the Public》)。

就在整理该书的过程中，我接了一个意外的电话。对方解释道，北京医学院（现在称“北京大学医学部”）希望该校教师在国际医学期刊上发表更多的文章，正在物色一名既有医学背景又有“科研写作”教学经验的访问学者。打电话者请我去申请这个职位，还提及有几位人士推荐了我，其中就有戴。

我申请了这个职位，并如愿以偿。我是怀着十分激动的心情前往中国的，但又不免忐忑不安——当时是 1983 年，访问中国的美国人还很少。然而，经历表明不虚此行。原定在北医授课一年，结果我教了两个学年。在北医任教期间，我选用《How to Write and Publish a Scientific Paper》作为教本，当时已出了第二版。

使我在中国的两年最具意义的是与我一起工作过的同事和教过的学生，他们都是出类拔萃的。其中之一就是中华医学会的编辑钱寿初。两年内，我每个星期有一天在中华医学会授课并作英文文字编辑。当时还没有“PowerPoint”演讲方式。我记得，讲课时钱寿初为我擦拭我写在投影仪胶片上的文字。此后，钱寿初和我一直保持着良好的同事关系。我感到荣幸的是，他也为面前这本中文版写了序。

返美之后，我对中国的科研写作事业依然有着一种挥之不去的情结。于是，从 20 世纪 90 年代中期开始，我与北医的一位同事开办了一个培训项目。该项目由美国中华医学基金会（China Medical Board）资助，在中国的重点医科大学讲授“生物医学传播学”。项目持续了 10 年多，其中包括一期科学论文写作课程和一期编辑培训课程。编辑培训班的学习，重点是组织学员到美国或加拿大进修。其中，中国协和医科大学出版社编辑顾良军在一家美国大学出版社和我任教的得克萨斯农工大学（Texas A&M University）完成了他的进修。我与顾良军和其他学员度过了一段非常美好的时光。

有一天，我在得克萨斯农工大学的办公室里又接到一个意外的电话。这次给我打电话的是《How to Write and Publish a Scientific Paper》的出版商。该书当时已出了第5版。对方问我："你听说过这本书吗？你喜欢它吗？你觉得有必要再版吗？"他问了许多问题，似乎十分在意我对该书的看法。

事实上，我和戴多年来一直保持着联系，有时还会在一些学术会议上碰面；据我所知，几年前他就退休了。在回答对方上述提问后，我说："我不知道这件事我该不该说，但戴先生已经退休，年事已高。因此，如果你们想出此书的后续版，或许正是时候考虑物色一名较为年轻者作此书的合著者。"

"对，这正是我们打电话给您的原因。"这是对方的回答！

后来，我了解到戴早已确定我作为他所希望的人选负责这本书后续版的编写。电话里，对方邀请我就《How to Write and Publish a Scientific Paper》的新版写一份出版计划。他和戴随后批准了我的计划，出一个修订扩增版。这样，我有幸成为戴的合著者。继第6版之后，我们愉快地完成了第7版的编写。第7版于2011年正式出版，这次的中译本就是据此版本。

第7版出版不久，我收到了顾良军的电子邮件，建议由中国协和医科大学出版社出版本书中文版。当然，我对此十分高兴。随后，顾良军从美国出版商（以及戴和我）那里取得出版此书的许可。他将受过中华医学基金会项目培训的其他学员邀为译者。成果就是面前这本中文版。

写这篇序言时，许多幸福的回忆在我的脑海一一浮现。我感谢所有为这本书的问世及翻译提供过支持和合作的人。

我希望这种关系能继续枝繁叶茂。祝愿本书的所有使用者都能在事业上取得巨大的成功。

芭芭拉·盖斯特尔（Barbara Gastel）
bgastel@ cvm. tamu. edu
College Station，Texas，USA
2012 年 1 月

（顾良军　林东涛　译　钱寿初　校）

中文版志谢

本书在出版过程中得到了原书作者罗伯特·A·戴和芭芭拉·盖斯特尔的大力支持。感谢钱寿初老师为本书撰写的序言，他的序言感情真挚，条理清晰，为读者阅读本书提供了极大的便利。同时我们也感谢本书第一个中文版本的译者高志雄、张志诚、陈益棠、蒋希虹、牟军生等老师及第6版的译者曾剑芬老师。我们在翻译过程中对他们的译文多有借鉴；当然，对于译文中可能存在的问题，我们承担全部责任。最后我们也要感谢德克萨斯 A&M 大学营销传播处 Brian Wright 先生为本书出版提供的帮助。

顾良军　林东涛　张　健

2012 年 11 月

前 言

批评和检验对于我们的工作是极其重要的。这意味着科学本身其实是一项社会性的活动，取决于良好的交流。在科学实践中我们必须意识到这一点，也正因为如此，我们的期刊坚持论文必须条理清晰、易于理解。

——Hermann Bondi（霍金·邦迪，英国物理学家）

优秀的科研写作无关生死，但却超越生死。

科学研究的目标是发表论文。还在研究生阶段甚至更早的时候，评价科研人员的依据就既不是他们的实验室操作技巧或在其所研究领域的天赋，当然也不是他们的才智和魅力，一切皆取决于其所发表的论文，成名与否，全在于此。

一项科学实验，无论结果多么出色，在没有发表前都不算完成。事实上，科学价值体系的基石正是建立在这样的基本设想之上——原创性的研究必须被发表；只有如此，新的科学发现才能得以鉴别，并最终融入到现有的知识体系中。

正如水暖工不用描述管道、律师也不必撰写案情（除了案例摘要），在所有行业和专业中，科研人员恐怕是唯一需要提交一份报告来展示其工作原因、方法、结果和结论的人。该工作的关键词是“可重复性”，而这，也正是科学和科研写作的独特之处。

正因如此，科研人员必须既“做”科学，又“写”科学。糟糕的作品常常阻碍、耽误优秀科研成果的发表。很遗憾，科学家的教育大多集中在科学技术方面，忽略了传播艺术。结果，许多优秀的科学家沦为蹩脚的作者。当然还有很多科学家不喜欢写作。诚如查尔斯·达尔文所言：“如果只作观察，从不写作，自然科学家的生活倒是幸福的。”（Trelease，1958）。

当今大多数科研人员都没有接受过正规的科研写作培训。在研究生阶段，他们是通过模仿其导师和以往作者的论文风格和格式学习写作的。当然，一些人也成为了优秀作者，但更多的人模仿到的只是前辈们的写作形式（也包括他们所有的缺点），并养成一系列难以根除的不良写作习惯。

本书的主要目标是帮助各领域科研人员撰写出容易被期刊接收和发表、并完全为读者所理解的论文。由于各学科间期刊的投稿要求差异很大，而且，即使是同一学科期刊间的投稿要求也会有所不同，因此很难建立一套行之有效的统一标准。本书所能提供的，只是适用于大多数学科的基本原则。

下面简单追溯一下本书的历史。《科技论文写作与发表教程》一书成形于很多年前。当时，本书的作者之一罗伯特·A·戴（Robert A. Day）就职于 Rutger 大学微生物学系，为研究生讲授科研写作课程。很快他就发现，理科生们亟需写作方面的实践经验。如果在课堂上讲授的是关于分离不定式优缺点的理论，学生们就会兴味索然；而如果讲授的是如何将数据组织入表格，他们就变得兴致勃勃。因此，戴在其授课讲义的基础上，于 1975 年发表了一篇直接讲述“如何”写作的文章。文章发表后大受欢迎，并最终导致本书第一版的出版。

在第一版的基础上，自然而然就出现了第二版和之后的各个版本。由于本书目前已成为多所大专院校的教科书，因此其内容必须紧跟时代的步伐。在此，我们衷心感谢那些为本书以往各版热心置评的读者，并欢迎大家继续对今后的各个版本提出批评指正。请将建议和评论发送至芭芭拉·盖斯特尔（Barbara Gastel）的电子邮箱：b-gastel@ tamu. edu。

本书是芭芭拉·盖斯特尔与罗伯特·A·戴合作的第二个版本。盖斯特尔衷心感谢戴的盛情邀请。我们欣喜地发现，我们合作的第一个版本已经至少被翻译成五种语言，并由衷地希望本版能够再创佳绩。

与书名一致的是，本书的重点始终放在撰写和发表科学论文方面。同时，还长期提供有关科学交流方面的广泛内容。从第一版起，本书就有帮助读者撰写综述、会议报告和学位论文等内容的章节。随着时间推移，这些章节的内容逐渐被添加到其他主题之下，例如：如何提交口头论文和如何准备壁报。此外，在以往版本的基础上，还添加了制订写作计划、准备基金标书、母语非英语的作者如何进行科研写作、向公众传递科学信息和提供同行评议等内容。

本版延续了这一构架，但也进行了充分的更新和修订。科学论文的撰写、投稿和发表等步骤目前已经基本电子化，本书也因此进行了相应的修订。我们还做了部分修改以更好地服务国际读者。此外，还在书中更新了最新的出版物和互联网资源，添加了能够有效用于科学交流网站名称的附录。

本书仍是一本关于“如何去做”或“菜谱”类的书，重点放在提供实践指导。为了使读者能够更加轻松地阅读，与以往版本一样，本书也包含了一些其他的项目，如趣味性的错误案例。读者如果想对某一主题进行深入探讨，可以查阅文中注释的内容或文后引用的参考文献，也可以在书里列举的网站中进行查询。

优秀的科研写作确实可以发挥决定性的作用。我们希望这本书能够消除撰写和发表科学论文的神秘感，帮助您充分、有效、甚至愉快地展示自己的工作。您的成功将是对我们最大的回报。

（孔朝霞　译　林东涛　校）

致国际读者

对于全球科研人员来说，以西方的标准用英语交流已日益成为广泛分享信息的模式。因此多年来，《科技论文写作与发表教程》一书已经拥有了许多母语非英语的读者，我们也由衷地希望本版能够服务于更多的读者。

为了照顾不同的读者，我们刻意在文字表达方面做了些努力，以便本版的主要内容易于为母语非英语的读者所理解。尽管如此，在笑话的取舍方面我们还是面临了两难的困境：对于许多读者来说，笑话能够使阅读变得轻松愉悦；但对于语言和文化背景与我们迥异的读者，有时却会产生困惑。然而，由于笑话一直是本书的特色和魅力之一，因此我们做了如下处理：在旧版基础上内容更新的章节，我们尽量保留了大部分的笑话；但在近期新增的章节中，则减少了笑话的应用。毕竟，在跨文化的翻译中，笑话通常难以得到传神的表达。

如果国际读者在阅读时偶尔碰到一个看起来挺傻的故事或评论（例如如何准备摘要一章结尾的故事），不用担心书的内容出错或者你可能错过了某个重要的知识点，只要把它当成某种美国式的幽默就可以了。

我们欢迎来自世界各地的读者，并希望他们能够从本书中得到国际科学交流方面的帮助。也欢迎广大读者随时为本书提供改进意见。

志　谢

感谢多年来为本书各个版本提供直接或间接帮助的同事和各界朋友。感谢科学出版和学术领域的同事，以及科学编辑委员会和学术出版协会的成员与我们分享信息和观点。感谢阅读过本书的学生和其他读者提出的宝贵建议。感谢许多同事参与本书以往各个版本草稿的审阅。感谢 Wura Aribisala、George Hale、Arkady Mak、Roberto Tuda Rivas 和 Nancy Day Sakaduski 在阅读以往各版基础上为本版草稿提供的卓有见地的意见。感谢编辑和制作人员将我们的工作付诸于出版。我们感谢所有给予我们帮助的人，当然也包括我们的家人，感谢你们的支持、鼓励和建议。

此外，我们还要感谢在研讨会、互联网和其他各种场合向我们发问的来自国际和各界的科研人员，您们的问题促成我们迅速填补了本书的许多空白。感谢我们世界各地的学生和同事为本版出版付出的努力。

目 录

第一部分 一些基本知识

第二部分 撰写正文

第三部分　准备图表

第四部分　发表论文

第五部分　撰写其他类型的出版物

第六部分　会议交流

第七部分　科技论文的体例

第八部分　科学交流的其他题目

第一部分

一些基本知识

第1章　什么是科研写作

请尽量简单、甚至直白地陈述事实。研究性论文不需要妙笔生花、文采斐然。

——R. B. McKerrow（迈凯洛，目录学家）

科研写作的界定

科研写作这一术语通常是指以标准的科学论文格式在期刊上报告原创性研究，广义上还包括在期刊上发表其他类型的科学交流文章，如概括和总结以往发表研究的综述类文章。当然，从更广义的范围来看，科研写作还包括科研人员所做的其他类型的专业交流，如基金申请、口头介绍和壁报展示。为普通老百姓撰写的科普类文章有时也属于科研写作的范畴。

科研写作务求表达清晰

科研写作的关键特点是表达清晰。成功的科学实验是这样一个结果：用一个清晰的思路，解决一个清晰的问题，并最终得出清晰的结论。理论上，任何类型的交流都应该表达清晰；然而，一旦当某事被称为“第一次”，那么表达清晰就是最基本的要求。大多数发表在原创性研究期刊上的科学论文之所以能被录用和发表得益于其新颖性；因此，在科研写作中我们务求要表达清晰。

科研写作需要为目标读者所知晓

很多人无疑都听到过这样的问题：如果森林中的一棵树倒下，但没有人听见，那么它是否发出过声音？正确的答案是：否。声音不只是声波那么简单，事实上，没有聆听者就无所谓声音。

同样，科学交流也是一个双向的过程。正如任何形式的信号如果没有被察觉就毫无意义一样，一篇已经发表的科学论文（信号）只有在被目标读者看到并且理解的前提下才有价值。因此，我们需要再次重申以下的科学原则：一项科学实验只有在其结果被发表和理解之后才算完成。如果发表的论文没有被读者所理解，那么就只是一个声波而已。有太多科学论文的树木最后湮没在科学论文的森林中。

科研写作的内容应该易于理解

科研写作是向目标受众传递清晰信号的过程。用于传递信号的语言应当尽可能清楚、简单、条理清晰。科研写作不需要太多的修饰。华丽的文学辞藻（隐喻、明喻、成语）很容易导致误解，在研究性论文中应当尽量摒弃。

科学是如此重要，因此必须用实质性的语言进行交流，其内涵应该是清晰而明确的，不仅应当为与作者同层次的科研人员所理解，而且应当为初涉研究生涯的学生、涉猎自身研究领域外阅读的科研人员、特别是母语非英语的读者（目前大多数读者属于此类）所理解。

许多类型的写作都是用于娱乐消遣，只有科研写作的目标不同，即：交流新的科学发现。因此，科研写作应当简洁清晰。

科研写作的结构和语言

有效的结构是清晰、高效地进行科学交流的关键。本书后面章节中介绍了科学论文的标准格式和该格式内的逻辑表达方式。

适当的语言表达是科学论文中仅次于结构的第二要素。由于许多科研人员在该方面存在欠缺，因此本书重点强调了英语的正确使用。所有科研人员都必须学会准确地使用英语这种语言，推荐大家参考 Day 和 Sakaduski 专门为科研人员编写的一本关于英语的著作（2011 年）。

如果要使通过科学手段获得的知识至少和其他任何知识一样重要，就必须采用言之有物的语言有效、清晰地表达出来。因此，科研人员必须具备一定的文化素养，才能成功地做到这一点。哥伦比亚大学的 David B. Truman 对此有一段恰当的阐述："在当代复杂的现实环境中，只受过培训但没有接受过教育、技术熟练而文化素养欠缺的专业人员是难以为继的。"

如果科学研究的最终结果是发表，那么许多科研人员对相关责任的忽视则令人哭笑不得。我们设想一下：一名科研人员，他通过数月或数年的辛勤研究才获得想要的数据；但如果在随后的科学交流中不花费心思，就会导致其研究价值在自己的漫不经心中大打折扣。还是这名研究人员，他经过艰苦卓绝的努力，才将测量结果精确到小数点后第四位，但如果在输入时误将 μg/ml 输成 mg/ml，一切努力就会付之东流。

英语其实并不是一件难事。在科研写作中，我们可以这样说：“最好的英语就是用最简洁的语言传递最明确的信息。”（这是一条刊登在《Journal of Bacteriology》《稿约》中多年的格言）诸如隐喻一类的文学性修饰，只会把读者对内容的关注转移到形式上，在科研写作中应当尽量避免使用。

（孔朝霞　译　林东涛　校）

第2章　历史回顾

历史是从亚当时代到原子时代的一趟浓缩之旅。

——Leonard Louis Levinson（莱昂纳多·路易斯·莱文森，辞典大家）

早期历史

人类在数千年前就已经能够进行交流，但我们今天所熟知的科学交流却是一个相对较新的事物。世界上第一本期刊诞生于350多年前，科学论文中的IMRAD格式（前言、方法、结果和讨论）也是从上个世纪才发展起来的。

如果没有适当的传播机制，科学或其他类型的知识都无法有效地被传递。当然，对于只能进行口头交流的史前人类，由于没有留下任何文字可供参考，知识的产生和湮没同样迅速，因此每一代的起点基本上都与上一代相同。

洞穴壁画和石刻文字是人类试图为后代留下记录的最早尝试。从某种意义上来说，今天的我们应当庆幸自己的祖先选择了这种介质，使部分早期的信息能够得以流传下来，而那些记录在易损耗材料上的信息则可能已经（或许是大量）丢失。但从另一方面来看，采用此类介质进行交流所造成的困难也令人难以置信。例如，我们可以设想一下，如果通信介质是100磅（大约45公斤）的岩石，那么0.5盎司（14克）的信件就会给当今的美国邮政投递系统带来足够的麻烦。

目前所知最早的书籍是古巴比伦人对大洪水的一个记录，这个故事被雕刻在一块黏土写字板上，成书于公元前约4000年，比《创世纪》还要早大约2000年（Tuchman，1980年）。

用于交流的介质应该轻便易携，于公元前约2000年投入使用的纸莎草纸是首个成功的介质。纸莎草纸是由纸莎草制成的薄片，彼此黏合后被固定在木质滚筒上，可以形成一个约20～40英尺（6～12米）长的卷轴。公元前190年，羊皮纸（用动物皮肤制成）开始被投入使用。希腊人在以弗所和帕加马（隶属于今天的土耳其）以及亚历山大建造了大型的图书馆。根据希腊历史学家的记载，公元前40年帕加马图书馆的藏书有200,000卷。

公元105年，中国人发明了现代书面交流的重要介质——纸张。然而，由于没有有效的复制交流途径，学术知识仍然无法得到广泛的传播。

印刷机或许是人类文明史上最伟大而独特的技术发明。尽管大约在公元1100年中国人就发明了活字印刷术（Tuchman，1980），但西方世界却将该荣誉归功于约翰内斯·谷登堡（Johannes Gutenberg），后者于公元1455年采用活字排版技术，在印刷机上印制了42行圣经。谷登堡的发明迅速而有效地在整个欧洲投入了使用。到1500年，数百本图书的数千卷副本已经被印刷出来。

世界上最早的科学期刊诞生于1665年，这一年，有两本期刊开始发行，分别是法国的《Journal des Sçavans》和英国的

《Philosophical Transactions of the Royal Society of London》。从此，期刊成为科学交流的主要方式。最新评估数据（Joe M. Williams，个人交流；Carol Tenopir，个人交流；Björk 等，2009）显示，目前出版的同行评议的科学期刊至少有约 10,000～20,000 种。据估计，2006 年发表的期刊文章有 1,350,000 篇（Björk 等，2009 年）。

电子时代

许多较年长的科研人员在开始其研究生涯时，还是用钢笔或铅笔撰写论文，然后亲自或请秘书用打字机打出来。图表是由他们或科学制图人员手工绘制，照片则是由他们或科学摄影师拍摄在胶片上。然后，他们将几份原稿的复制稿仔细打包，通过邮局寄给杂志。杂志收到后先将稿件寄送给审稿人进行评估（同行评议），审稿人写好评审意见后再连同稿件一起寄回。编辑会采用信件的方式将终审意见通知科研人员。如果论文被录用，科研人员将根据要求对论文进行修改，并将最终的修订稿寄回到编辑部。随后，文字编辑手工编辑稿件，再由排版人员重新排版。一旦论文排版后，编辑部就会寄一份作者清样给科研人员，要求他们检查排版错误，并在修订后重新寄回。在论文发表前，科研人员可以订购论文的单行本，以便广泛分发给无法在图书馆获得相关杂志或无法获取论文影印件的同行。

如今，论文的投稿和发表流程已经有了很大的变化。文字处理软件、制图软件、数字摄影和互联网加速了科学论文的制作和传播。全球有许多期刊都建立了在线投稿和审稿系统。编辑和作者可以通过电子途径进行交流。文字编辑在线编辑论文，作者通过接收电子清样对论文进行校正。期刊不仅有印刷版本，还有在线版本，有时后者甚至取代了前者。有些期刊还提供额外的电子产品，如附录、视频剪辑，以作为在线论文的补充。许多期刊在出版当时或一段延滞期后，可以免费在线获取。此外，读者还可以通过作者的个人网站或其所在机构的官方资源获取论文或者申请电子单行本。以上的某些变化提高了对作者技术能力的要求，但从总体上加速和简化了出版流程，改善了对读者的服务。

虽然相关的出版机制发生了很大的变化，但还有许多保持不变，例如：科学论文的基本结构、科学论文被接收和发表的基本过程、科学出版中应遵守的基本道德规范和优秀科学文章的基本特点。尤其值得一提的是，在许多科学领域中，科学论文仍然主要采用 IMRAD 结构。

IMRAD 的来源

早期期刊上发表的论文是描述性的，科研人员报告的典型模式是“首先我看到这个，然后我看到那个”或者“首先我做了这个，然后我做了那个”，其观测结果通常只是简单地按照时间顺序进行排列。

描述性体例比较适合报告性的学科。事实上，这种平铺直叙的陈述模式有时仍会用于“通讯类”期刊、医学病例报告和地质调查报告等。

到 19 世纪下半叶，科学以一种日趋精密的方式开始迅猛发展。微生物学就是例证。在路易斯·巴斯德（Louis Pasteur）建立疾病的细菌理论和研究微生物的纯种培养方法之后，科学和科学报道都有了长足的发展。

此时，方法学变得非常重要。为了消除批评家们（其中许多人是自然发生论的狂热信徒）对他的质疑，巴斯德觉得有必要对自己实验的敏感细节进行描述。由于具备分辨能力的同行们能够重复巴斯德的实验，因此实验的可重复性就成为科学哲学的基本原则，而一个独立方法部分的出现则促进了高度结构化 IMRAD 格式的形成。

20 世纪早期保罗·埃尔利希（Paul Ehrlich）的工作和 20 世纪 30 年代格哈德·杜玛克（Gerhard Domagk）的工作（磺胺类药物）是巴斯德工作的延续。第二次世界大战推动了青霉素的研发［1929 年由亚历山大·弗莱明（Alexander Fleming）首次描述］。链霉素于 1944 年被首次报道，第二次世界大战后不久，这轮狂热但却精彩纷呈的“神奇药物”探索热潮，催生了四环素和许多特效抗生素。

第二次世界大战后，从医学研究实验室涌现出的大量新发现，直接导致研究领域投资的大幅度增长。在美国，这种对科学研究的正面引导，随着 1957 年前苏联首颗人造地球卫星的发射，很快又加入了负面的推动因素。此后很多年，美国政府（及其他组织）又额外投入数亿美元用于科学研究。

金钱造就科学，科学又滋生论文。堆积如山的论文最终给现有的（和许多新的）期刊带来巨大压力。在没有任何其他原因的前提下，期刊主编们出于自我保护的心理，开始要求来稿必须内容简洁、结构合理。此外，期刊的版面变得如此宝贵，也不允许大量重复性内容的占用。从 20 世纪后期缓慢发展起来的 IMRAD 格式，目前几乎已应用于所有研究性期刊。一些主编支持 IMRAD 格式，因为他们确信这是交流科研成果最简洁且最合理的方式。而另一些主编则可能并不赞同 IMRAD 格式的简单逻辑，但由于死板的 IMRAD 格式确实能够节省期刊的版面（或花费），而且可以通过标注稿件的主要部分来减轻主编和审稿人的负担，因此也不得不让自己的杂志采用 IMRAD 格式。

IMRAD 格式的逻辑结构可以用问题的形式来界定：导言：研究的问题是什么？方法：如何进行研究的？结果：得到什么

研究结果？讨论：这些研究结果的意义是什么？

目前看来，IMRAD 格式简单的逻辑结构确实有助于作者组织和撰写稿件。同时，IMRAD 格式也无疑为编辑、审稿人和最终的读者提供了一份简单的阅读路线图。

尽管 IMRAD 格式已经被广泛应用，但其并不是科学论文的唯一格式。例如：某些杂志的方法部分可能放在论文的结尾；某些杂志论文中的结果和讨论部分可能揉在一起；某些杂志论文结尾处会出现一个单独的结论部分；而在一些后续实验方法取决于上一项实验结果的论文中，方法和结果部分可以交替出现；在某些论文，尤其是社科方面的论文中，开头部分可以出现一段较长的文献综述。因此，尽管 IMRAD 格式较为常用，但此外还有 IRDAM、IMRADC、IMRMRMRD、ILMRAD 等其他格式。

在本书后面的章节中，我们根据其在 IMRAD 格式中出现的先后顺序，讨论了科学论文的各个组成部分。不过，无论您选择投稿的期刊要求采用哪种结构，我们针对每一个组成部分的大部分建议都是有价值的。当然，在撰写论文前，您应当阅读目标期刊的《稿约》，并浏览其中与您论文类似的文章，以便确定其采用的是哪种结构。

（孔朝霞　译　林东涛　校）

第3章　走近科技写作

写作其实并不难，你只需盯着一张白纸，直到额头上渗出汗珠甚至血珠。

——Gene Fowler（吉恩·福勒，美国编剧）

树立正确的心态

哪怕是最优秀的科技写作人员，只要一想到科技写作，可能都会战战兢兢。不过，如果能树立正确的写作心态并采用恰当的写作方法，你会发现科技写作并非如想象中那般可怕。你要记住一个基本原则：科技写作的目的是为了进行科技交流与传播，而非哗众取宠。科技论文的读者只想知道你究竟做了哪些研究、有哪些研究结果以及研究的意义。他们并不期望科技论文能像文学作品那般引人入胜。如果你能做好研究工作，同时又能够清晰地表述，就可以写出令读者满意的科技论文。实际上，读者更看重科技论文的内容而非形式。

其实论文的各类读者都衷心希望作者能写出出色的论文，没有人存心要为难你。期刊编辑当然乐于收到高质量的论文，那些帮助编辑对投稿作出评价的审稿人也是如此。就像老师总是愿意帮助学生改正错误一样，编辑和审稿人会提出一些建设性的修改意见。他们之所以这么做并非因为讨厌你，而是因为他们希望你能成功。不要一想到可能面临的批评就浑身不自在；相反，你应该感到庆幸，因为投稿后得到的反馈意见将有助于提高文章的质量。

准备写作

在实验室里，精心的准备有助于实验顺利有效地开展，写作也是同理。如果能在下笔写作之前认真做好相关准备，你会发现科技写作并不是那么困难。平心而论，准备工作应该包括在动笔前认真阅读本书，并一直把此书放在手边以备参考。（本书的出版社就建议你在办公室或实验室备上一本，家里备上一本，也许有必要在车里或游艇上也备上一本）。使用本书仅仅给准备写作开了个头，此外还不能忽视如下事项。

要写好论文，首先要从模仿入手。因此先得收集一些在你的研究领域所公认的优秀科技论文，包括你打算投稿的期刊所刊登的论文。留意一下这些论文是怎么写的。比方说：论文包含了哪几部分？是以什么样的顺序来安排结构？每一部分大概有多长？小标题需要采用什么样的形式？采用了什么样的数据和表格，哪些是典型的类型？如果英语不是你的母语，哪些是你论文中可以运用的正确表达？以已经刊登的论文作为范本，有助于你写出合乎规范的论文。

成功的科技论文写作还应该遵从期刊的投稿要求。基本上每种科技论文期刊都会公布《稿约》。只要按照这些规范来写作，就可以避免在论文写作中猜测揣摩，也不会因为投稿没有达到期刊的要求而不得不进行重大修改。如果《稿约》很长（有些期刊的《稿约》可长达数页），可以用笔划出重点以便记忆。或者为了方便以后查看，你也可以把写作中最应该注意的要点列在有颜色分类的纸张上。

至于细节方面（如术语、参考文献格式、文法等），期刊的《稿约》通常会建议作者参考一些标准格式指南。在当今的科技界，常用的标准格式指南包括：

The ACS（American Chemical Society）Style Guide（Coghill and Garson，2006）

American Medical Association Manual of Style（Iverson et al.，2007）

The Chicago Mannual of Style（2010）

Publication Mannual of the American Psychological Association（2010）

Scientific Style and Format（Style Mannual Commuittee，Council of Biology Editors，2006）

这些手册或指南不时推出新版本，在使用时应该参照最新版本。通常这些格式手册可以在科学图书馆、医学图书馆或是其他普通图书馆的参考书籍分类中找到。如果科技写作对你个人职业发展极为重要，不妨考虑购买你所属研究领域常用的格式指南，以便在需要的时候可以随时参考。

当你在收集论文资料的时候，脑海中可能就会冒出一些想法。例如可能突然想到在“讨论”部分要添加一个观点，或者你想到了一个设计表格的好方法。随手把这些想法记录下来。可以考虑为论文的每个章节建立一个文件（电子版或书面版的均可），方便对这些想法进行分类。这么做不仅可以帮助避免遗忘，而且有了这些想法也能在下笔写作的过程中加快进程。

为了方便写作，需要做大量的准备工作。比如把在论文中将要引用的文献按引用顺序整理好；或是列一个粗略的提纲；或是列出论文某个部分的要点，并反复斟酌其排列顺序直到满意为止；或是列出正式的大纲。通过事先大量思考和组织文稿内容，可以节省写作的精力。事实上，动笔前的准备工作可谓是写作的“催化剂”，会让你迫不及待地想要动笔写作。

还要明白一点：好点子往往需要时间来酝酿。假如你实在想不出有效的方法来开篇或组织某个章节，不妨休息一下，做些运动，打个盹，或是和别人一起讨论你的工作。在不经意中，可能会出现一些奇思妙想。

撰 写 论 文

这意味着腾出时间来写作。大多数搞科研的人都很忙，如果写作一直要等到有空才做，可能论文永远完成不了，因此有必要为此预留时间。在你的日历或记事本中标注出专门用于写作的时间。除非发生紧急情况，尽量不要让其他活动侵占写作时间。不妨设立一个最后期限，比方说规定自己周四之前完成某一部分的初稿，或是决定在你提交了某篇论文之后才出去度假。

一位著作等身的教师推荐使用以下方法（Zerubavel，1999）：在纸上列出一周的时间安排，要精确到小时，划掉那些被固定占用的时间——如授课、参加实验室会议或是用于处理个人事务的时间，然后在剩下的时间里预留出一部分时间用于论文的撰写。同时应该留意自己在什么时段写作效率最高。假如你是个夜猫子，每周选几个晚上用于撰写论文，而留几个早晨做一些论文相关工作，比如核查参考文献；如果你是个“早起的鸟儿”，则可作出相反的安排。

下笔写作的时候，从你认为最简单的章节入手。没有任何规定要求你必须从引言部分开始。许多研究人员喜欢从“方法”开始，往往这一部分写起来最直截了当。也有不少喜欢从数据和表格入手的。有些人喜欢先草拟参考文献目录或甚至“志谢”。一旦你写完一个部分，逐渐积聚的写作动力有助于你完成余下的章节。总之，可以根据自己的喜好来安排最合适的写作顺序。尽管本书第二部分的结构与科技论文的结构相类似—从第7章“如何拟定标题”开始，到第15章“如何引用参考文献”结束，你可以按照最适合你的顺序来安排论文各个部分的写作（并阅读相关章节）。

一旦开始写作，注意不要让一些细节问题打断你的写作进程，以免使得写作热情消退。为避免这种情况，对于缺失的信息，可以用笔记录下来。为了便于识别，在文稿中用粗体字标出，或在旁边标注或使用 Word 文件的批注功能。若是不能一次性写完论文，则应考虑如何能够确保每次都能顺利地接着写。有些作者喜欢在写作情绪高涨的中途停顿下来，记下下一个章节准备谈论的要点。这样在写下个章节的时候就能很快进入状态。建议使用这个方法。

和做科学研究相仿，为了实现总体目标，撰写科技论文的过程中通常也需要解决一系列的问题。同样，与研究一样，在论文写作中，遇到的问题往往有不止一种解决办法，每个解决办法都是各有利弊。但有些时候作者总试图寻求“最佳答案”（Becker, 1986），比方说，某个事物该如何措辞？图示应该以何种方式呈现？某一部分该如何组织？像这些问题通常都有多种解决办法，找到一种合理的方法就行。如果看起来有所欠缺，或是你又想到一种更好的方法，你可以在修改论文的时候加以改动。

论 文 修 改

好的作品在很大程度上取决于好的修订。没有人会看到你的初稿，也没人在意初稿有多糟糕（对于文思枯竭的作者是个福音)，重要的是不断修改论文直至满意为止。先是自己修改，然后拿给别人看，听取别人的反馈意见后再对论文进行修改。

并非只有学生或论文新手才需要修改论文，成功发表过论文的科技人员在投稿前也需要对论文进行反复修改。当一位知名的科学家兼编辑被问及是否修改自己的论文时，他答道："如果运气好的话，一篇论文只要修改 10 次就够了。"

在修改论文草稿时，试问自己如下问题：

- 论文包含了所有应该包含的信息吗？是否包含了多余的信息？
- 论文包含的所有信息都准确吗？
- 通篇内容是否保持了一致性？
- 草稿中的内容组织合理吗？
- 每句话都表达清楚吗？
- 所陈述观点是否简单、直白？换句话说，草稿是否简洁明了？
- 语法、拼写、标点和用词是否准确？
- 数据、表格设计合理吗？
- 草稿符合《稿约》的要求吗？

对于解答这些问题的相关信息，本书将在后面几章进行详述，比如，第 10 章到第 13 章将讲述科技论文中应该涵盖的主要部分以及论文的篇章组织，第 30 章到第 34 章讨论遣词造句等问题。除了在动手写作前阅读这些章节，在修改论文的时候，也可以参阅本书。

当你自认为论文改得比较满意的时候，可以让别人来提提意见。多年之前科学家们曾经建议："把论文拿给三个人看：同实验室的人，其他实验室的人，你的妻子。"现在听起来这个建议就没那么准确了，而且带有大男子主义；不过其初衷还是正确的。如今的作者可以这样处理：把论文交给本研究领域的专家过目，因为专家可以指出草稿中专业方面的错误；再把论文草稿给同属一个大的研究领域的同行看，因为同行可以发现论文中表述不清楚的地方；最后把论文草稿给一个聪明的普通读者（比如一位熟悉人文学科的朋友）看，因为他们可以指出前两类读者没能发现的其他问题。

也可以考虑把论文草稿给专业的科技编辑看。一些大学或是研究机构聘任了作者编辑（author editor），他们的职责就是帮助作者在投稿前修改论文。社会上也有自由职业者身份的作者编辑和独立运作的编辑服务公司。有些大学的论文办公室可以提供自由职业者身份的作者编辑名单。生命科学编辑委员会通过其网站 www. bels. org 公布了一些编辑名单，这些编辑都已通过生命科学编辑方面的严格测试。如果能和作者编辑当面探讨论文的修改，当然能使你获益匪浅；不过现在，通过电子邮件和其他现代通讯手段，也能使作者与身处其他城市甚至其他国家的作者编辑进行沟通。

在得到反馈意见之后，要仔细考虑如何采纳别人的意见。当然，要听取那些对你有用的意见。有的意见尽管没说到点子上，但也值得多想一想。也许你对某条意见持不同看法，它却可能会引起你对某个问题的注意。比如，别人误解了论文中的某一观点，你可以试着把这一点写得更明白易懂。比较不同人的意见也大有裨益。如果只有一人对论文的某一处提出意见，也许你可以忽略它；但如果多人都对论文的某一处提出意见，就有必要对论文进行相应的修改。

虽然要仔细修改论文，但也不必永无止境地改下去。世上没有哪篇论文是十全十美的。如果论文已经修改得不错了，则应该见好就收。只要按照本书提供的建议进行写作，期刊编辑和审稿人都会很乐意收到你的论文投稿。

（张　洁　译　林东涛　校）

第4章 何谓科技论文

如果没有发表，科学面临死路一条。

——Gerard Piel（吉拉德·派尔，《科学美国人》前发行人）

科技论文的定义

论文是已经发表的、阐述具有原创性科研成果的书面报告。其实这个简短的定义还不够完美。撰写科技论文还需遵守科技写作习惯、编辑体例、科学道德以及印刷与出版规程。

要给科技论文下定义，首先得明确科技论文的产生机制，即怎样才算有效发表。我们看到各种各样的出版文献，如摘要、论文、会议报告等，但并非所有这些文献都达到有效发表的标准。此外，即使一篇科技论文符合了其他所有的标准（下文将详述），但如果发表在不合适的期刊上，那么也不能称之为有效发表。如果一篇达到发表标准但质量平平的研究报告，被主要期刊或其他重要刊物所接受并发表，那么这算是一篇有效发表的科技论文；相反，一篇水平极高的研究报告如果发表在一份不恰当的刊物上，那么这篇研究报告就没有得到有效发表。大多数的政府文件、会议纪要、机构公告和其他临时出版刊物，都不属于有效发表的刊物。

要定义“科技论文”，首先得定义“有效发表”。可很多人没弄清“有效发表”的准确含义。生物编辑委员会（CBE），也就是现在的科学编辑委员会（CSE），于 1968 年给出了如下定义（生物编辑委员会，1968，p2）：

> 一篇有效发表的科技论文应该首次公布足够多的科研信息，以便科技同行们①评价观察过程，②重复科学实验，③评估科学思维。此外，该论文还应以可感知的形式存在，无条件地可供同行获取；该论文还要能被一个或多个主要的文献检索机构（如美国的生物摘要、化学摘要、医药索引、药学节录、农业参考等，其他国家亦有类似的机构）定期筛选。

这个定义读起来似乎很复杂，也很啰嗦，但是给出这个定义的人肯定是字斟句酌，也曾考虑过是否可以用更精练的文字来清楚地定义。无论对学生、作者、编辑还是其他相关人员而言，分清什么是真正的科技论文都是至关重要的。因此，有必要对这个定义进行逐句的分析。

“一篇有效发表的科技论文”必须是“首次公布”科研信息。很多时候科技成果是在科学会议上通过口头陈述的方式首次公布出来的。但 CBE 的定义强调，“首次公布”并非作者的首次陈述；只有当“首次公布”的内容能为作者的同行（当代的或未来的同行）所充分理解并使用的时候，才算是有效的“首次公布”。

另外，必须公布足够多的信息以便让论文的潜在读者能够①评价观察结果，②重复科技实验，③评估科学思维（作者根据这些数据所得出的结论合理吗?)。此外，公布的信息必须“以能感知的形式存在”。这初看起来很怪，因为通常论文就是印刷出版的；而这个定义除了涵盖了印刷出版物和可视出版物(印刷的期刊以及现在不再广泛使用的缩微胶片)，还包括非印刷出版物和非可视出版物，比如以录音形式出版的材料。只要同时满足该定义中的其他标准，就算是有效发表。当然，电子期刊也符合有效发表的标准。(正如有人所说，“电子出版物为人们提供了一种获取和阅读文献的全新手段。”）那么发布在网站上的材料算不算“有效发表”呢?这一问题目前尚存在较大的分歧，也要视发布在网站上的材料的性质而定。若是想对这个问题有更深入地了解，可以查阅自己所属研究领域中的期刊或专业机构的相关规定。

不管论文以什么形式发表，都应该是永久性的（通常网站上除外)，并且应该无条件地向科学界公开（如可订阅的或者是可在网上公开查阅的期刊)，也必须能通过信息检索服务（如Biological Abstracts、Chemical Abstracts、MEDLINE 等）能够查找到。所以像时事通讯、公司内部刊物或其他控制发行的期刊，尽管因提供了新闻或其他信息而颇有价值，但还是不能算做“有效发表”。

我们可以用更简单但未必更准确的语言来重新表述 CBE 给出的定义：有效发表是①具原创性的科技成果的首次发表，②能够经得起科技同行的实验重复和结论验证，③必须是发表在能供科学界随时获取的期刊或其他形式的出版物上。不过需要指出的是，定义中的“科技同行”通常是指论文刊登前的审稿人。因此按照 CBE 的定义，科技论文都应是发表在经过采用同行评议的出版物上。

我们之所以对此定义进行如此详细地解析是出于两个原因。第一，整个科学界（作者、编辑、出版社）由于长期以来未能或者不愿清楚定义“有效发表”而吃够苦头：无数的科技成果因此淹没在会议纪要、会议报告、政府文献或是发行量极少的图书或期刊中；还有些论文，不做修改或稍作修改，就多次发表。正是由于科学界未清楚界定“有效发表”而由此造成科技出版上的重复或混乱。第二，科技论文是一种特殊的文献，它以既定格式（IMRAD）来陈述特定的科技信息。如果研究生、年轻的科学家甚至那些已经发表了很多论文的科学家都能透彻理解“有效发表”这一定义，论文写作会变得轻松很多。对科技论文的定义和要求不清楚，必定造成写作时的很多困扰。只有当作者明白应该写些什么和应该按什么格式来撰写的时候，写作才不再是一件难事。

科技论文的结构

要符合有效发表的要求，科技论文的结构就必须合乎规范，各组成部分结构要清晰。当今在科技界最常用的格式就是IMRAD，即导言（Introduction）、方法（Methods）、结果（Results）、讨论（Discussion）。虽然实际上“材料与方法”（Methods and Materials）比“方法”的出现频率更高，但后者是前者的简称。

IMRAD是多年来科学界传授和推崇的论文结构。不过这几年，也有一些期刊和编辑更喜欢其他结构。自1972年和1979年IMRAD两次被美国国家标准协会指定为科学论文标准格式以来（American National Standards Institute，1979a），论文格式日渐规范化。一些期刊亦采用了IMRAD的变体IRDAM，即把“方法”部分放到论文的最后一部分，而不是像IMRAD中放在第二部分。有些期刊中，“方法”部分中的很多细节内容放到图表的说明中。

正是因为具有极强的逻辑性，IMRAD 格式得到越来越广泛的应用。无论是撰写化学论文、考古学论文、经济学论文还是报道街头的犯罪事件，IMRAD 格式通常都是作者的最佳选择。

IMRAD 格式广泛用于实验研究论文，但也有例外。比如，在撰写地球科学中的实地考察报告或医学临床案例分析时，就不一定按照这种方式来组织论文。不过，这些描述性的论文仍然采用先阐述问题后给出解决方案这一模式。

有时候即使是实验研究论文也不得不采用其他结构。比如，如果采用了若干个方法来做实验，并都取得相应的结果，可以把论文中的“材料与方法”部分和“结果”部分合并成“实验”。在某些研究领域或是对于某些实验结果，把论文中的“结果”和“讨论”两部分融合一起更常见或是更好。另外，不少主要期刊也发表“笔记”（Notes）或“短篇通讯”（Short Communications），通常采用精简的 IMRAD 结构。

描述性的科技论文往往可采用多种论文结构。因此，在面临如何组织论文内容和采用哪种形式的标题等问题时，有必要参考目标期刊的《稿约》和刊登在该期刊上的同类论文，或是从一些参考手册上查找一般性的信息。比如，Huth（1999）、Peat 等（2002）、Taylor（2005）、《合作作者指南》（Hall，2008）给出了几种典型的医学论文格式，Michaelson（1990）以及 Beer 和 McMurrey（2009）给出了典型的工程论文和报告的格式。事实上，即便打算采用 IMRAD 格式来组织论文，参考一下所属学科领域中的科技写作书籍也是大有裨益的，诸如 Zeiger（2000）的生物科学论文写作、Lang（2010）的健康医学论文写作、Ebel、Bliefert 和 Russey（2004）的化学论文写作书籍、Stemberg（2010）的心理学论文写作等。

简而言之，科技论文注重内容和结构，而非高超的文学技巧。科技论文不是文学作品，论文作者并不需要具备高度的文学素养。

有些老派的科研人员认为科技论文也是文学作品的一种，论文作者应充分展示个人风格和写作才能；多样化的论文风格能激发读者的阅读兴趣。当然，科学家喜爱阅读文学作品是件好事，喜爱撰写文学作品更是锦上添花；但是，陈述科研结果必须实事求是，正如 Booth（1981）所说，“言过其实的夸夸其谈在科技写作中是没有用武之地的。”

如今，为了跟上研究领域的飞速发展，科技人员一般要阅读大量的科技论文。英语是科研领域通用的国际语言，但对于许多科研人员而言，英语却是第二语言。因此，科技人员和编辑在报道科技成果时都需要一种统一、简洁和易于理解的规范化写作体裁。

其他定义

如果科技论文专指具有原创性的研究报告，那如何区分那些不具有原创性或科学性，或者在某些方面没有达到科技论文的要求的文献呢？常见的此类文献包括了综述、会议报告和会议纪要。

综述的内容范围十分广泛，最典型的是针对特定研究领域的最新成果或针对某个特定科研团队或某个科学家的成果进行评述。因此综述意在对已经发表在主要期刊上的信息进行总结、分析、评估或综合。尽管综述所涉及的大多数甚至全部信息都是已经发表过的，但不存在双重发表的问题，因为往往从期刊名就可以看出论文属于综述性质，比如“Microbiology and Molecular Biology Reviews”（《微生物学与分子生物学综述》）、“Annual Review of Astronomy and Astrophysics”（《天文学与天文物理学年度综述》）等。但不能以此简单地认定综述不包含什么新意。优秀的综述不仅全面而准确地综合了前人的工作，还提出了新的想法与理论，有时甚至会给出全新的实验范例。

会议报告往往刊登在座谈会、国内或国际会议、研讨会、圆桌会议等收录的论文集里。这些会议往往不是为了发布原创性科研成果而举行，因此其论文集往往达不到主流出版物的标准。出现在这些会议上的论文一般都是综述，即评论某些科学家或某个科研团体的近期成果。在一些会议上，具有原创性的观点（特别是令人兴奋的新观点）往往以初步报告的形式呈现，而且常伴有大胆的猜想。但通常，这些论文达不到、作者也无意要达到有效发表的要求。一段时间之后，正式的论文才会发表在主要刊物上。至此，重要的实验数据和细节在论文中得到详尽的陈述，开始时的猜想也演化为成熟的结论。

因此，大量的会议文献不属于有效发表的论文。在这些会议上提出的原创性的研究可以也应该在主要刊物上得到有效发表，否则，这些研究和数据就不为人知。如果基于会议论文而开展研究，进而想在主要刊物上发表论文，就可能需要征得会议报告出版人的同意重印一些图表或其他内容（请参见第 19 章的“著作权与许可”），但不会出现也不应该出现双重发表的问题。

会议摘要可长可短。尽管其包含了一些具有原创性的信息，但会议摘要不属于主要刊物。摘要的发表不应该妨碍发表全文。在国内或国际会议上发表的会议摘要往往只有一个段落，相应的论文通常在会后在主要期刊上发表。但近来又出现了一种新趋势——长摘要（extended abstracts，synoptics）。长摘要提供的信息与论文正文相差无几，只是少了实验细节而已。然而正是因为这一点，长摘要也不能算作科技论文。

从事科技写作或科技出版的人员，应该充分认识到区分不同类型的论文的重要性。越来越多的出版机构、会议组织者和科学家对论文的分类标准达成了共识，这为科学文献的有效发表和信息检索铺平了道路。

（张 洁 译 林东涛 校）

第5章 发表科研论文的道德规范

凡科研工作者与其同侪及后辈之间都有一个不成文的约定：科研成果的获取、记录和发表要做到实事求是。

—— CBE Style Manual Committee（生物文献编委会论文体例格式手册委员会）

道德是基础

撰写科研论文向期刊投稿之前，实际上在开始科研工作之前，你应该先了解科研活动和科技文献发表中的一些基本道德准则。有些道德准则可能不言自明，有些则不然。为此，下面将作一番概述。关于发表科研论文及广泛科研工作的职业道德问题，研究生或其他人员若想了解更多信息，可参阅美国科学、工程学和公共政策委员会 2009 年发布的《论如何做一个科学家：科研工作中的负责任行为》(On Being a Scientist: Responsible Conduct in Research. Committee on Science, Engineering, and Public Policy , 2009)。该书既包含相关指南也有实例研究，在网上还配有录像。另外，各个学科的论文格式手册中也有关于道德问题的章节。

真实性和精确性

在期刊上发表的科研报告应该是根据实实在在做过的实验而撰写，这个道理似乎显而易见、无需赘言。然而，作者不经过实验论证仅凭空捏造论文数据的现象仍未杜绝。显然，这种“虚假实验”或捏造行为是不符合道德规范的。虚构本身可以是件很了不起的事情，但在科研论文中绝对不适用。

更为隐秘、可能也更为常见的，是在精确性上做一些较小的或是不太明显的偏移：在论文数据中有意遗漏一些偏差比较明显的数据点，以更能迎合结论的形式来制作图表，或是其他一些扭曲事实的行为。编辑和歪曲之间并非总是泾渭分明。如果在这方面心存疑惑，那么向所在研究领域中经验丰富的科研人员（最好是某期刊的主编）请教。

数字影像技术的出现为一些没有道德素养的科研人员篡改研究结果提供了新途径。(不过期刊编辑们还是有办法甄别此类可疑的造假行为)。有道德的科研人员或许想了解对数字影像的处置何为可行、何为不可行。关于这方面的指导标准，最近出台了一整套关于科研工作中数字影像使用和处置的指南(Cromey，2010)。

对于需要进行数据分析的科研活动，能否精确报告研究结果与是否使用正确的统计方法有关，错误的方法将导致错误的结果。如果这方面有疑问，找一个统计专业人士进行合作。在设计科研项目早期就要有统计专业人士协助，确保收集正确的数据。不然，浪费资源和时间也属于道德问题。

原 创 性

正如前一章中所提到的，科研论文的成果一定要是全新的。除了一些罕见的、非常特殊的情况外，研究成果不应该在其他原始文献中出现过。在少数可以允许同样数据重新发表的情况下，比如在比较全面的病案报道中或者是同一篇论文用另外一种语言发表时，作者必须清楚地注明原文出处，以免读者错误地把这些旧的研究成果当成是新的。重新发表一篇论文时（无论是采用另外一种语言或者面向另一个领域的读者），都必须得到最初发表该论文的期刊的许可。

一些刚涉足科研工作的人有时候思忖是否可以把同一篇文章同时投给两家或两家以上的期刊。毕竟一名大学毕业生可以一次性申请好几个硕士点，然后在学校的录取函中选择其一。但是类似情形不适用于发表科研论文。一稿多投浪费资源也不符合道德规范。因此，只把稿件投给你最心仪的期刊。如果被退稿了，然后再投给下一家目标期刊。

论文的原创性也意味着要避免写出“意大利香肠式论文”，也就是说为了多发表几篇论文，把一项科研成果像切意大利香肠那样分割成几项来发表（或者是刻意切割一个大型科研项目的成果，分成多个来发表）。优秀的科学家注重其工作的整体性，不会为了发表多篇论文而肆意分割其研究成果。同样，好的用人单位聘岗委员会和晋升委员会看重的是发表论文的内容，而不是数量，因此意大利香肠式论文蒙不过他们。

尊重他人成果

优秀的科研人员往往在他人研究的基础上来进行自己的建

树，但是他们从来不会把别人的功劳据为己有。

如果你的论文中包含了不属于你自己的内容或想法，一定要注明出处。同样，如果你引用了别人的话，一定要用引号标出（如果引文过长，可以用缩排方式体现），同时提供索引。否则，你就有剽窃之过。为避免因疏忽而造成的剽窃事实，在复制或下载别人的材料时一定要把材料来源也包括进去。为避免挡不住诱惑而过度引用，可以在起草文章时避免直接接触原文材料。写完后才看原文，以核对内容的精确性。

引用某一著述中的词句时，如果不确定是否要标上引号，那么还是标上为好。若是没有必要，期刊编辑随时可以把引号去掉。可若是需要标注引号而没有标注，编辑可能不会发现（有可能是直到后来被读者发现）；编辑也可能对此存疑，并致信询问，而要找到出处往往很耗时间。所以还是谨慎为上，免得尴尬或平添额外的麻烦。

此外，要把所有有资格被列为作者的人都署上名（详见第 8 章）。同样也要记住在志谢词中列出那些给过你帮助、支持的人或机构（见第 14 章）。

人和动物的人道对待问题

假如你的研究涉及人或动物，接到投稿的期刊很可能要求你提供材料，证明你对待上述人或动物的方式符合道德规范。在研究开始以前，确保取得所有与人类或动物研究相关的一切必要许可（美国的做法是把你的研究方案提交给本单位的专门委员会进行审查）。然后，在你的论文中对这方面的情况作必要的说明。相关指南请参阅目标期刊的《稿约》，把期刊中已发表的类似文章作为范本。查阅各类学科的论文格式手册中的相关章节也很有用。如果还有疑问，请咨询相关期刊的论文发表管理办公室。

利益冲突声明

科研论文作者有时会碰到利益冲突问题，即一些外在牵连因素有可能——至少在理论上——对研究的客观公正性造成影响。比如，研究人员正在研究某一产品，而同时他们持有该产品制造企业的股份，或者是这家企业的顾问。

现在似乎有越来越多的期刊要求论文作者提交此类利益冲突声明。有些期刊有专门的核对表格，而有些则要求作一个笼统的声明。不同的期刊对发表论文时的利益冲突问题的关注程度各不相同（Clark ，2005）。

论文发表的道德规范要求作者如实声明利益冲突情况。更重要的是，它要求这些牵连因素不影响研究的客观公正性。有些科学家则排除所有此类牵连因素，以避免出现疑似偏倚的可能性。

（陈正方　译　林东涛　校）

第 6 章　稿子该投何处

我总是拥有天时地利。当然，那是因为我选对了路子。

——Bob Hope（鲍勃·霍普，美国喜剧演员）

为什么要尽早作出正确的决定

常有作者等写完了科研论文才考虑去哪里发表。不过，这个决定最好是在动笔之前就作出。这样，你的论文才会更适合目标受众（比如，针对的是何类期刊的读者，是一般性的科普期刊，还是本学科的综合性期刊，抑或是作者本人研究领域的专科期刊）。而且，这样做的话，你在起草文稿时就能按照该期刊的要求来进行，无需事后修订。当然，假如被首选期刊退稿了，你可能需要根据另一期刊的要求修订原稿，但是这样至少可以减少一轮修订。

除了要早点选定首选期刊以外，还要选对期刊。谨慎选择投稿期刊可以帮助你找到最合适的读者，获得恰当的认可，避免发表时遇到一些不必要的麻烦。决定往哪里投稿非常重要。如果选刊不当可导致发表被延误，审稿和修订也不到位，或是被不合适的期刊所湮没。如果你的文章没投对稿，有可能会陷入下列三种窘境之一。

首先，期刊可能仅以“不适合在本期刊发表”为由退稿。然而，作出这种判定通常要等到审稿之后。等耽误了几个星期或几个月，才得到一个“不适合发表”的通知，这样的结果往往让人沮丧。

其次，如果某一期刊与你研究内容并不十分相关，审稿人提出的意见就可能并不中肯或公正，因为审稿人（及编辑）可能对你的专业并不甚了解。你可能会遭受被退稿的打击。如果投对了期刊，你的稿件原本会被录用。或者，你陷入这样的困境：修订意见你本人并不认可，而且也无益于提高稿件质量。即便你的稿件确实存在缺陷，你也得不到合理的批评意见，因为只有正确期刊的编辑才能给你带来如此益处。

第三，即使论文被录用发表了，你可能也只是欢喜一时，因为事后你会发现你的成果实际上还是无人关注：你的目标受众中很少有人去读这本期刊，你的论文自然就被埋没了。多和同行交流可以避免这种情形。

想一想你的文章适合什么样的读者群。举个例子，如果你的文章是关于物理学方面的基础性研究，那么你当然应该把论文发表在知名的国际期刊上。反过来，假定你的研究与拉丁美洲地区特有的某种热带病的管理相关，那么在《自然》上发表就无法达到你的目标读者——那些真正需要并可能用到你的研究成果的读者。你应该把文章发表到合适的拉美地区期刊上，不妨用西班牙语发表。

在选择所投期刊时，回顾一下哪些期刊发表过与你研究成果相似的文章。发表过你准备引用的文献的期刊往往是值得考虑的对象。也可请同行建议。为明确某一期刊是否真的值得考虑，应研读期刊本身或者其网站上关于该期刊目的和范围方面的说明。阅读该期刊最近的几期，看看是否发表过与你的研究类似的文章以及期刊上的文章类型是否就是你想写的类型。

期刊的权威性、可及性和影响力

如果同时有好几家期刊可以考虑，那么选哪一家有讲究吗？或许理论上没什么差别，但是事实上却有讲究。这与期刊的权威性有关。或许你的事业进步（获得工作岗位、升职、申请基金等等）很大程度上是由你所发表的论文数量决定的。但并不一定都是这样。很有可能学校教工委员会或基金评审小组当中某个聪明的老行家认可和看重的是论文的质量。一篇在“垃圾”期刊上发表的文章和一篇在声望卓著的期刊上发表的文章当然不能相提并论。其实，这个聪明的老行家（科学界有不少这样的人）或许更看好在权威期刊上发表过一两篇重要文章的候选人，而不是在二、三流期刊上发表过十多篇文章的候选人。

那么如何区分呢？要进行区分并不容易，而且有多种分级方法。一般来说，稍作文献目录检索就能得出合理判断。你肯定会了解本领域内最近发表的一些最重要的文章。自己认真了解一下这些文章都是在哪里发表的。假如本领域内大多数真正有分量的文章是在A、B、C三本期刊上发表的，那么你就可以把自己的选择局限在这三本期刊上。假如经过检查，D、E、F三本期刊刊登的只是一些分量较轻的文章，那么即使内容合适，也不应该成为你的首选。

接着，你可以再从A、B、C三本期刊中进行选择。假设，A是一本颇具吸引力的新期刊，由一家商业出版机构以商业投资的方式经营出版，没有任何社团或其他组织的赞助；B是本知名度高的成熟小型期刊，由一家著名的大学或医院或博物馆出版；C是一本大型期刊，由你本专业领域内重要的学科社团出版。作为一般规律（虽然有很多例外情况），C 期刊（社团期刊）或许是最声名卓著的。这类期刊发行量也最大（部分是因为质量因素，还有部分是因为社团期刊比其他期刊价格低，至少对社团成员是这样）。在这样的期刊发表，你的论文在你所追求的学术界中产生影响的可能性也最大。B 期刊或许同样很知名，但是可能发行量很有限，这是不利条件；而且，这类期刊假如把其大部分版面留作刊发内部材料的话，就可能很难进入。A 期刊（商业期刊）很有可能因发行量低而不被看好（因为其价格相对较高，这是出版商追求利润以及缺少社团或机构下固定量订单进行背后支持的结果）。在此类期刊上发表可能致使你的论文传播受限。

对待新期刊要谨慎，尤其是那些缺少社团赞助的新期刊。新期刊的发行量可能很小；而且，有可能该期刊以及你的文章还没来得及为学界所知，它就停刊了。在纯电子期刊上发表文章也要谨慎，除非你知道，出于晋升等各种原因对你的工作进行评估的人员认为这些期刊和其他纸质期刊拥有同等的权威性。另一方面，也要对那些日益减少的只发行纸质文本的期刊保持警惕，因为当今的科学家们都觉得重要的科技文献应该能够在互联网上查询到。

随着网络出版物的兴起，其他需要考虑的因素还包括期刊是否属于开放获取类（open access）期刊——也就是说，任何感兴趣的人都可以在网上免费阅读该期刊的文章。考虑因素之一是是否该选择一家立刻就会提供全文阅览的期刊（称为*开放获取期刊*）。这些期刊因为没有订阅费而缺少相应收入，对此，最典型的做法是由作者来支付部分费用。在某些国家，这些费用通常都是由基金补助的。有些作者，尤其来自发展中国家的作者，如果无力支付这些费用，期刊会减免费用。如果你想在某一免费期刊上发表文章，却又无力支付常规的发表费用，可与期刊进行沟通。在传统期刊上发表文章时所需考虑的可及性相关因素还包括：是否找一本较快开放网上自由浏览权限的期刊，比如几个月后就可以免费阅读；而电子版发行之初只有订购者才能看到。在传统期刊上发表文章的另一个考虑因素是：该期刊是否允许将文章即时上传到作者或其单位的网站上。

评估某一领域内各类期刊相对知名度的工具之一是电子出版物**期刊引用情况报告**，该报告通常可以从一些学术性图书馆找到。有了它，你就可以确定哪些期刊被引用的频率最高，无论是被引用的总次数还是平均每篇文章被引用的次数，或者是叫影响因子（impact factor，IF）(Garfield 1999)。虽然并非所有优秀期刊都计算影响因子，但总的来说，影响因子似乎是判断期刊权威性的合理依据。假设在某一特定领域中，A 期刊上平均每篇文章被引用的次数是 B 期刊的两倍，科研人员有充足的理由认定 A 期刊比 B 期刊重要。在一些国家和机构中，论文发表期刊的影响因子是对候选人员进行晋升评估的标准之一。但是，也应该注意到影响因子的局限性。影响因子只说明某一期刊上论文平均被引用的频率，而不是指你本人发表在该期刊上的论文被引用的频率。影响因子除了说明引用次数外也无法显示期刊上的论文到底有多少影响力——比如，它们对政策或对临床实践有多大影响。况且，由于不同的科学领域有不同的引用方法，不应该使用影响因子来比较不同领域内期刊的重要性。例如，在生化和分子生物学中，一篇论文往往引用许多其他论文，被引用次数最多的期刊的影响因子为 31.2；而在地质学中，这个数字是 4.4。简而言之，虽然了解一本期刊在该专业领域中的影响因子排名有助于你评估该期刊的重要性，但影响因子并不能完全说明该期刊的质量以及是否适合发表你的文章。期刊的选择就如同生活中的许多其他事物，不能单纯凭借一个数字来概括该事物的方方面面。

其他考虑因素

在选择一本期刊时还有其他一些因素值得考虑，其中之一是出版速度。从论文被录用到正式出版这段时间的长短通常反映了期刊的出版频率。比如，月刊出版的时间间隔肯定比季刊要短。假定审稿时间相等，在季刊发表需要额外多等 2 ~3 个月时间。许多（亦或是绝大多数）月刊的出版周期，包括编辑的审稿时间，在4 ~7 个月之间，而季刊则有可能长达10 个月。还要记住，许多期刊，无论是月刊、双月看还是季刊，都会有积压的稿件要出版。所以有时候向同行了解一下他们对你心仪期刊的感受也会有帮助。假如某一期刊在出版时注明文章的“收稿”日期，那么你就可以自行推算出平均的时间差了。此外，越来越多的期刊先在网上出版文章再付印。在投稿前你应了解一下某一期刊是否先出网络版；如果出，速度有多快。

即便现在是电子时代，印刷质量还是很重要的。举个例子，假如你想发表的文章中主要论据都是图片，那你就该找一家印制质量高的期刊。在生物学领域，美国微生物学学会和洛克菲勒大学出版社出版的期刊传统上以这方面的高水准而著称。不管你的专业是什么，如果期刊的印刷质量对阐明你的研究成果非常重要，那么你就该对此加以关注。

最后，考虑一下论文被录用的可能性大小。显而易见，并非所有论文都那么影响重大、备受关注以至于需要在《科学》或《自然》上发表。相反，绝大多数论文适合在本学科或亚学科的期刊上发表。即便是在同个专科领域内，也是有些文章比较重要，适合在一线期刊发表，而其他许多文章则最好发表到别的期刊上去。在最初投稿的时候，通常你要把目标对准那些最具影响力、最具知名度且文章被录用可能性最大的期刊。最好在深思熟虑并咨询同行意见之后，再从候选期刊中作出选择。选择一本期刊，要考虑其主题、读者、权威性、录用比例和其他因素是否合适，这样有助于确保你的文章得以发表，避免不必要的耽搁，同时保证你的文章能到达理想读者，得到他们的传阅和认可。

如何使用《稿约》

在考虑往哪里投稿的时候，你应该先阅读过一下期刊的《稿约》（instructions to authors）。通常，《稿约》会出现在期刊的网站上，而且至少每卷刊登一次。此外，6000 多本生物医学期刊的稿约可以在健康科学类论文《稿约》网站上（mulford. meduohio. edu/instr）查询到。该网站还有一个链接可以连到"生物医学期刊投稿统一要求"网站（www. icmje. org），后者有一套许多期刊都遵循的核心指南。

如果你没能一眼就找到《稿约》，那么继续找，因为有些时候它们挂在期刊网站上不太显眼的位置。而且，《稿约》可能以各种其他名称出现，如"information for authors"、"guide for authors"、"submission instructions"等。如果经仔细查找仍无结果，应当考虑向有经验的研究人员或者图书馆工作人员求助，或者是联系期刊办公室。

在你着手撰写论文之前要详细阅读《稿约》。它们将解答以下这些问题：

- 该期刊是否出版多种类型的研究文章？如果是，你的文章属于哪一类？
- 该期刊允许的论文篇幅是多少？摘要最多不能超过多少字？
- 该期刊是否提供论文样本？如果是，上哪里找？

- 如论文有补充材料，该期刊是否允许上传到网站？如果是，这些材料该如何提供？
- 该期刊要求论文包括那些部分？每个部分有什么要求？
- 该期刊对论文写作格式有什么要求？
- 该期刊对论文图表数量有无限制？期刊对图表有什么要求？
- 该期刊对参考文献格式有什么要求？参考文献数量有无限制？
- 该期刊对论文电子格式有何要求？论文图表该插在文章何处，是中间还是最后，还是分开提交？该期刊是否可以网上投稿？

标注或摘录《稿约》中的重要事项。在撰写过程中还要查询《稿约》。如果一开始就按照要求执行，总体上你会节省时间。

此外，仔细阅读期刊的最近几期。特别要注意不同期刊的编辑风格在以下方面的不同：文献引用格式、标题和小标题的格式、图表的样式等。

在即将投稿之前，再次核对《稿约》，确保符合其所有要求。有些《稿约》还要求提供核查清单，以便核对。只要认真遵守《稿约》的要求，你从论文动笔那一刻开始就已经为日后的发表做好了铺垫。

（陈正方　译　林东涛　校）

第二部分

撰 写 正 文

第7章 如何拟定标题

第一印象非常重要。因此，应审慎对待标题，确保标题能简明扼要地概括论文内容。

——T. Clifford Allbutt（奥尔巴特，水银温度计发明人）

标题的重要性

在撰写标题时，切记：很多人都会读到标题。很少有人会通读论文全文，但很多人会在论文最初发表的期刊或二次文献论文数据库（摘要或索引）上看到标题。所以，标题要字斟词酌，并处理好题目中每一个词之间的关系。蹩脚的标题里最常见也最容易引起读者误解的问题就是词序不当。

何谓好的标题呢？在我们看来，好的标题应该用最少的词来概括论文内容。

论文索引和摘要服务在很大程度上有赖于标题的准确性；目前，很多计算机化的文献检索系统也是如此。如果标题不恰当，那么就可能无法检索到这篇论文，从而无法让论文的目标读者阅读到。

有些作者喜欢在题目中舞文弄墨，可能会牺牲题目的明确性。其实，一篇论文的题目无需显得多么才华横溢（clever）；但是，它必须是明确无误的（clear）。试举一例（引自 Halm and Landon 2007）：“Association between Diuretic Use and Cardiovascular Mortality”。这已经是一个很充分的题目了。作者无须再画蛇添足地加上“Dying to Pee”。

标题的长度

有些标题太短。一篇投往《Journal of Bacteriology》的论文，其题目是“Studies on Brucella”。显然，这种题目太过泛泛。在这篇论文里，到底研究的是分类学、遗传学、生物化学还是医学方面的 Brucella（布鲁菌）课题呢？读者希望论文题目至少能给出这个答案。

更多的时候，标题过长。有趣的是，较长的标题常常还不如短标题意思清楚。在一个世纪前，科学研究由于缺乏明确分工，论文标题常常很长且不具体。比如这样一个题目：“On the addition to the method of microscopic research by a new way of producing colour contrast between an object and its background or between define parts of the object itself”（Rheinberg，J. J. R. Microsc. Soc. 1896：373）. 这个题目显然不太好，看起来更像摘要。

不仅仅是科学家会撰写拖沓的标题。看看下面的一个例子（1705 年）：“A Wedding Ring Fit for the Finger，or the Salve of Divinity on the Sore of Humanity with directions to those men that want wives，how to choose them，and to those women that have husbands，how to use them.”具有讽刺意味的是，这个标题居然出现在一部微型小说中（Bernard，A. Now all we need is a title：famous book titles and how they got that way. New York：Norton，1995，

p. 58）。

毫无疑问，大多数超长的标题里存在“废”词。通常“废”词出现在标题的开始部分，比如“Studies on”、“Investigations on”、“Observations on”等。放在标题开头部分的“A”、“An”或“The”等词也是多余的。显然，此类“废”词对论文索引毫无帮助。

需要有更具体的标题

让我们看这样一个标题：“Action of Antibiotics on Bacteria”。这个标题好吗？表面上是；它够简短，没有“废”词。如果把它改成“Preliminary Obserbations on the Effect of Certain Antibiotics On Various Species of Bacteria”，也不见得更好。但是，大多数简短的标题之所以很短，是因为它们所选用的词太过空泛，不够具体。

读者完全可以认为，上述标题所对应的研究并没有检测所有抗生素对所有细菌的影响。所以，上述标题没有任何意义。如果只研究了一种或几种抗生素，就应该在标题里把这些抗生素名一一列出。如果只检测一种或几种细菌，也应该在标题里把这些细菌名全部列出。如果测试过的抗生素和细菌种类很多，全都列在题目里显得太冗长，可以考虑用一个集体名称来概括诸多不同的种类。下面就是一些经改进的标题：

“Action of Streptomycin on *Mycobacterium tuberculosis*”

“Action of Streptomycin, Neomycin, and Tetracycline on Gram-Positive Bacteria”

“Action of Polyene Antibiotics on Plant-Pathogenic Bacteria”

“Action of Various Antifungal Antibiotics on *Candida albicans* and *Aspergillus fumigatus*”

尽管这些标题要比最初的那个短题目好一些，但还是有些空泛，不是特别好。如果把“Action of”（作用）界定得更准确，标题的含义就会更清楚。例如，可以把上面第一个改进后的标题重新组织为“Inhibition of Growth of *Mycobacterium tuberculosis* by Streptomycin”。

多年以前，Leeuwenhoek 使用“animalcules”（微动物）这个描述性而不够具体的词作为标题。20 世纪 30 年代，Howard Raistrick 以“Studies on Bacteria”（细菌研究）为标题发表了一系列重要论文。今天，类似的论文就需要用一个更具体的标题。如果研究具体针对的是某个生物体，那么论文标题就应该给出该生物体的种（genus）和类（species），甚至还要给出菌株号（strain number）。如果研究对象是该生物体中的某种酶，标题便不能简单地写作“Enzymes in Bacteria”，而应具体地写为“Dihydrofolate Reductase Produced by *Bacillus subtilis*”等。

句法的重要性

还要特别注意标题中的句法（syntax）问题。标题中大多数的语法问题是由句法错误引起的。

有一篇投至《Journal of Bacteriology》的论文，其标题是“Mechanism of Suppression of Nontransmissible Pneunlonia in Mice Induced by Newcastle Disease Virus”。除非作者具备造物能力，否则，新城病毒诱发的应该是肺炎，而非大鼠。（该标题应修改为：“Mechanism of Suppression of Nontransmissible Pneumonia Induced in Mice by Newcastle Disease Virus”。）

小孩是鸟儿飞过后生下来的？信不信由你，反正看了这个标题我信了：（Am. J. Clin. Pathol. 52∶42，1969）：“Multiple Infections among Newborns Resulting from Implantation with Staphylococcus aureus 502A." 这种葡萄球菌可以诞生生命?!

另举一例（Clin. Res. 8：134，1960)："Preliminary Canine and Clinical Evaluation of a New Antitumor Agent，Streptovitacin." 如果狗会评估 Streptovitacin，那么本书作者手头还有不少其他工作要请它过目呢。

还要特别注意"using"的用法。"using"很可能是科技写作中用得最多的悬垂分词。在下面这个例子里，要么是真有一些智力超常的狗，要么就是作者错用了"using"："Using a fiber-optic bronchoscope，dogs were immunized with sheep red blood cells."

狗还不是唯一一种通灵动物。一篇投往《Journal of Clinical Microbiology》的论文使用了这样的标题："Isolation of Antigens from Monkeys Using Complement-Fixation Techniques"。

甚至某些细菌也很聪明。一篇投往《Journal of Clinical Microbiology》的论文使用了这样的标题："Characterization of Bacteria Causing Mastitis by Gas-Liquid Chromatography"。细菌能使用 GLC（气液色谱法)，这不神了吗?

标题犹如标签

论文标题犹如标签。标题通常不是一个完整的句子。正因为标题不是主谓宾俱全的句子，所以它比句子要简单，至少比完整的句子要短小。但正因为如此，标题中的词序显得尤为重要。

事实上，不少期刊确实允许论文标题采用完整的句子。如："Phosphatidic Acid Is a pH Biosensor That Links Membrane Biogenesis to Metabolism"（Science 329：1085，2010). 可能有人会反对使用此类标题，理由有二：第一，"Is"是个"废"词，即使去

掉它也不影响理解。第二，“Is”的存在，使标题成为了百分之百的断言。通常我们不习惯看到作者用这种武断的方式来陈述研究结果，本书第 30 章将对此做进一步探讨。Rosner（1990）把这种标题称为“断言式整句标题”（assertive sentence title，AST）。他指出，基于多个理由，不宜采取这种标题。如果作者在论文的结论部分或其他部分以有所保留的口吻来陈述研究成果，那么标题就尤其显得“轻率而不妥”，同时也就削弱了科研报告的分量，使科研报告“像开玩笑一般随意”。

对于浏览期刊目录以获取论文第一印象的读者，题目所用单词的意思和次序尤为重要。不过，这一点也同样适用于其他所有潜在的文献使用者，其中包括通过二次文献来源获知本文的读者（后者可能人数更多）。题目应作为论文的标签，是一篇论文区别于其他论文的显著标记。同时论文题目还要符合一定的格式，以便于化学摘要（Chemical Abstracts）、MEDLINE 等机引论文检索系统进行文献索引。简言之，题目选词应能够突出论文的重要内容。

为方便读者，期刊每一页顶端都会显示眉题（running titles 或称 running heads）。通常在左页顶端显示期刊或书籍的名称，而在右页顶端显示论文或章节的题目。有时因为版面限制，可能需要有别于论文正式题目的一个简短眉题。在期刊《稿约》中可能会给出眉题的最大允许长度。在投稿的时候，作者除了在题目页中给出正式题目之外，还可以再向编辑建议一个合适的眉题。

略语和行话

论文题目中不应出现略语、化学公式、专有名词、行话等。在为论文拟题的时候，就应该试问自己：“使用检索系统的时候，我会用什么关键词来搜索这篇论文呢?”如果论文的内容是有关盐酸（hydrochloric acid）的某种效应，那么，题目里应该使用“hydrochloric acid”还是使用广为人知的简称“HCl”呢?很明显应该使用前者。在使用索引时，人们更倾向于在“hy”项下检索该术语，而不是在“hc”项下。另外，如果在已发表的论文中，有的题目使用“HCl”，另外一些题目使用“hydrochloric acid”，那么论文检索系统的用户可能只能检索到相关的一部分文献，而忽略那些采用了略语题目的论文。当然，目前一些大型文献检索服务机构拥有先进的计算机系统，足以同时识别 deoxyribonucleic acid、DNA 甚至 ADN（acide deoxyribonucleique）这些关键词。但是，对作者（和编辑）来说，最好还是在论文题目中避免使用略语。同样，在论文标题中也不要出现专有名称、行话以及生僻/过时的名词术语。

系列题目

许多编辑反对使用主标题－副标题格式（main title—subtitle arrangements）和悬垂题目（hanging titles）。几年前主标题副标题（系列题目）格式很常见。（例如：“Studies on Bacteria. IV. Cell Wall of *Staphylococcus aureus*.”）现在，很多编辑都认为每篇发表的论文“陈述的研究成果都应该是独立而连贯的，因此论文不应该采用系列题目”（《Journal of Bacteriology》《稿约》）。这一点对读者来说尤为重要。在过去，系列题目下各论文间的关系过于紧密，以至于每篇论文里只有一些零星的研究成果，读者只有阅读同一系列下的所有论文才能获知完整的研究成果。另外，由于发表日程及延误等问题的存在，编辑也不喜欢系列题目的论文。（例如，如果系列题目下的第 4 篇论文被录用，而第 3 篇被拒绝或在审稿过程中被耽搁了，编辑就会非常头痛。）

反对系列题目的另外一个原因是，这种类型的论文间有很多重复的内容：论文的前面一部分内容都是概括性的，没有什么实际意义。如果读者是通过二次文献系统获得结果，系列题目的论文产生的检索结果通常令人费解。（值得一提的是，如果论文标题是问句的形式，那么论文检索的结果通常也不好理解，所以论文题目也不宜拟成问句形式）。

悬垂题目同系列题目类似，不同之处在于前者是用冒号替代了后者中的数字。因为不会引发上述问题，悬垂题目要比系列题目好一些。有些期刊，尤其是某些社会科学领域的期刊，倾向于采用悬垂题目，认为这种方法把论文题目中最重要的字词放到前面。(Hartley 2007)（例如："Global Warming Coverage in the Media：Trends in a Mexico City Newspaper" —Science Communication 32∶143，2010）悬垂题目也许可给读者提供某些便利，但这种题目多少看起来有些卖弄才华之嫌；它强调的是题目中空泛的字眼而非更有意义的内容，还使得题目出现多余的标点，同时也给检索造成不便。

论文题目应该直截了当，但这并不表示可以不必考虑整个题目的词序问题和各单词的正确格式。例如，题为"New Color Standard for Biology"的论文，它讨论的可能是用于描述植物和动物的颜色指标的制订状况。而题为"New Color Standard for Biologyists"（BioScience 27∶762，1977）的论文，"很可能"是用于如何对生物学家进行分类；换言之，利用这种"标准"，我们可以区分哪些生物学家是绿色的，哪些是蓝色的。

（康　敏　译　顾良军　校）

第8章 如何标署作者姓名和地址

作者排名有助于厘清职责，建立信誉。
——美国三院科学、工程与公共政策委员会

作者署名的排序

“如果有合著者，署名问题可小可大：有时微不足道，但有时会引起轩然大波。”（O'Connor 1991，p. 10）。

科技论文里最容易撰写的部分，就是输入论文标题下的作者署名和地址。但并非总是如此。

我们还没听过有人因为署名的前后顺序而拼命，不过倒听说过不少真实的故事：平时温文尔雅、彬彬有礼的同事因为署名资格和署名排序的问题而反目成仇。

何谓适宜的排名？遗憾的是，科学界对此尚无通用规则或惯例。有些作者为了避免产生纷争，同意按姓名字母顺序来排列。在数学研究领域，这似乎是个惯例。一些长期合作的科研人员会轮流担任合著论文的第一作者。某些期刊有时会标示“A 和 B 并列第一作者”。

过去存在一种通行趋势：实验室负责人（或，更常见的是，研究组组长），无论是否主动参与过某项研究，其名字总会出现在实验室人员发表的科技论文的作者署名里。通常，负责人的名字放在作者名单的最后（比如，两名作者中的第二位，三名作者中的第三位）。因此，作者名单中的最后一位似乎尤能令人肃然起敬。如果论文有两位署名作者，同时两人既不是实验室负责人又不是资深教授，那么两位作者都希望自己的署名可以排在后面。如果论文有三位或三位以上作者，一些热衷于名望的作者都会希望把自己的名字放在作者名单中的第一位或最后一位，而不是放在中间。

现在，比较通行的做法是将论文工作的主要作者或该论文报道的科研工作的首要发起人列为论文的第一作者。即使第一作者只是个研究生，其他作者是实验室负责人甚至是诺贝尔奖获得者，人们一般都认为第一作者是论文的最重要作者，并认为论文报道的大部分研究工作都是由第一作者完成的。在某些领域，实验室负责人仍然列名于最后一位，因此这一“位次”仍然炙手可热。然而，只有确实参与了研究工作（至少提供了指导）的实验室负责人方可列为作者。一般来说，进入作者列表的所有人员都应深度参与研究，具备论文（或针对其中某一实质性内容）的答辩能力。一旦论文被发现存在瑕疵甚至欺诈，某些“荣誉作者”、“客座作者”或“礼品作者”会为此懊恼不已。

但是，直到现在还有些实验室负责人坚持要在实验室人员的论文里署名。

在一些论文中，作者署名长得就像细目清单，几乎把实验室里每个人的名字都署在上面。此外，由于合作研究日益普遍，论文的署名作者也就越来越多。

作者资格的界定

或许可以这样来界定论文作者的资格：论文作者仅限于那些对实验的总体构思、设计和实施作出实质性贡献的人员。同时论文作者署名应该按照各作者对实验的贡献大小来排列名次：第一作者被视为主要作者；第二作者被视为主要协助人；第三作者的贡献可能与第二作者贡献相当，但更可能是比第二作者的贡献小。不管是导师还是同事，如果没有深度参与某项科研工作，就不应该提出将名字列在作者名单上，也不应该允许自己的名字随便列在作者名单上。论文作者应该是能对论文里报道的研究成果承担学术责任的人。然而，由于当今许多领域的科研工作都是协作性的和跨学科的，对论文作者的界定有必要做些修正。要求每名作者对许多不同学科的科研人员联合完成的论文中的方方面面都负责，这显然不现实，但是，每名作者至少应做到对选择自己的合作者承担责任。

诚然，要解决好作者署名和排序问题并非易事。很多时候很难厘清一位科研人员对论文的具体贡献。那些就某一研究课题共同艰苦工作了几个月甚至几年的科研人员，可能很难记得是谁提出最初的实验构思，或者是因为谁的奇思妙想才使实验获得成功。如果试验获得成功在很大程度上得益于“隔壁实验室的某位同事”的灵光一现，那又该如何处理呢?

每一位署名作者都应该对论文报道的科研工作做出重要贡献。重要贡献是指同论文的原创性直接相关的新知识和新概念。

在研究工作开始之前就应该一致确定以后发表论文时的作者署名排序。视研究的实际开展情况，可对作者署名排序做一些调整。但是，如果把作者署名及排序这一重要问题留待最后一刻才商定，实在是很不明智。

有些研究领域里还经常出现论文作者署名处有十多名作者的情况（有时是写在注释里）。比如，Bulos 等的一篇论文（Phys. Rev. Letters 13：486，1964）虽然只有 12 段，却有 27 名作者。这种论文通常都来自一些规模较小的实验室：每个实验室拥有的科研人员不超过 10 名，很难单独做出重大的科研贡献。

是什么原因造成论文署名作者的人数居高不下呢？原因林林总总，但首要原因无疑同科研领域“发表或出局”（publish-or-perish）综合征有关。有些科研人员百般讨好同事，使自己可以挂名出现在同事写出的大多数论文甚至所有论文上。这种科研人员的实际科研能力也许很差，但是到年终总结时他们发表的论文倒是五花八门。在一些机构，这些署名不实的论文可以给当事人带来升职的好处。当然，这种做法令人不齿。尽管科研机构的管理人员可能被蒙骗，科研的寄生虫可能得到物质上的回报；但是，真正的科研人员不会把做了点微不足道的工作的人添加到自己的论文署名上，也不希望在自己的论文里列出一长串对论文毫无贡献的名字。

总之，科技论文只应该将那些对研究工作有重大贡献的人列为作者。在论文上毫无原则地罗列作者，不仅会削弱论文真正的负责人的科研分量，而且会让所有需要使用或整理科技文献的人深恶痛绝。如欲了解论文作者署名资格方面的更多问题，请参阅 Huth（1986）、Davidoff（2000）和 Claxton（2005）的论述。

作者署名排序：实例

以下例子或许可以帮助确定科研人员在某项科研工作在理论上和技术上的参与程度，从而帮助确定作者署名资格和署名排序。

假设科学家A设计了一系列可能导致重大科学发现的实验，他告诉技术人员B如何实施这些实验。如果实验成功并因此产生了一篇论文，尽管技术人员B做了所有的实验工作，科学家A却是这篇论文的唯一作者。（当然，在论文的“志谢”部分，科学家A应对技术人员B点名志谢。）

假设上述实验不成功，技术人员B向科学家A汇报完阴性结果，提出了以下建议：“如果把孵育温度从24℃改到37℃，并且在培养基里加入血清白蛋白，我想这种该死的菌株就能生长。”科学家A批准了这一新的实验方案，这次实验结果很理想并因此产生了一篇论文。技术人员B在对研究结果进行解读时也提出了一些见解。在这种情况下，科学家A（排第一位）和技术人员B（排第二位）都是论文的署名作者。

对上面的例子再做进一步的假设：假设在采用37℃的孵育温度和使用血清白蛋白后实验结果不错，但科学家A观察到一个明显与理论不符的现象：在这些实验条件下，细菌的成长情况表明被测试的微生物是一种致病菌，然而以前发表的文献却指出这种微生物为非致病性。于是，科学家A就此请科学家C（一名病原微生物学专家）检测这种微生物的致病性。科学家C很快进行了测试：他采用任何医学微生物学家都知道的标准程序来验证致病性，即把该微生物注射进实验小鼠体内。基于科学家C的测试结果，论文里增加了一些重要结论，并且论文得以发表。在这种情况下，论文的署名作者仍是科学家A和技术人员B；在论文的“志谢”部分，作者应对科学家C的协助表示感谢。

但是，如果科学家C对该菌株感兴趣，继续对此开展了一系列精心设计的实验，并发现该菌株不仅对小鼠具致病性，而且是好几种罕见的人类感染的幕后元凶。由此，论文里增加了两个表格的数据，而且论文的结果部分和讨论部分都做了相应修改。这样在论文发表时，作者署名顺序应为科学家 A、技术人员 B 和科学家 C（也可将科学家 C 列为论文的第二作者）。

说 明 贡 献

有些期刊要求作者提供一份申明，说明每位作者的具体贡献。例如：谁负责研究设计，谁负责数据收集，谁负责数据分析，谁负责撰写论文。某些期刊会将这种作者分工说明附在正式发表的论文后。另有一些则将其存档备用。有时，列名其中的为“提供贡献者”（contributors），而非真正意义上的作者（author）。例如，有些人员获得了部分数据，但并未更深入地参与研究；也有一些人员提供了技术指导或其他指导意见。

这种“作者分工表”至少有两个好处：首先，它确保列名其中的都是真正意义上的作者，无关人员会被排除。其次，如果该表被正式发表，可帮助读者确定可联系哪位作者以获得何种类型的信息。

正确而一致的姓名表达方式

对于作者的姓名，通常首选的表达方式是：首名（given name），中间名首字母（middle initial），姓（surname）。在科技领域有一种趋势，就是作者名只用首字母来表达首名和中间名，这会引发很多困扰。

如果有两个人都叫 Jonathan B. Jones，文献检索系统可以（通过地址）来排列他们的论文。但是，如果许多论文中的作者都表示成 J. B. Jones（特别是有时其中的一些人还是用 Jonathan

B. Jones 来表示自己的姓名），要把这些论文排列得整齐有序，文献检索系统就得做大量的工作。出于很多原因（比如结婚后），人们经常需要改名；但是许多科学家为避免文献署名方面的麻烦，倾向于坚持不改名。

不用“首名，中间名首字母，姓”这种方式，而是把中间名完整拼写出来，这样做是不是更好些？答案是否定的。须知，文献检索是一个计算机化的过程（计算机很容易困惑不解）。比如，一位叫 Robert Jones 的作者认为 Robert Smith Jones 比 Robert S. Jones 更个性化，忍不住把中间名拼写出来。然而这样会导致“复姓”（double name）的问题。计算机是应该把该作者归到索引“Jones”中还是“Smith Jones”中呢？由于复姓（不管两姓间加或不加连字号）在英格兰地区和拉丁美洲很普遍，所以要让计算机（或文献索引系统的编程人员）来回答这个问题就不那么容易了。

由于不同的语言有不同的姓名格式，同时可能存在多种姓名翻译方法，所以要求母语非英语的作者在用英语撰写的科学论文上正确列出作者姓名，同样也不是一件简单的事情。Sun 和 Zhou（2002）发表的文章对中文名作者在英文论文上署名提出了一些建议。对来自其他国家的作者，一些写作手册能给出正确列出作者姓名方面的建议，期刊的编辑也会给出很好的建议。不管科研人员在发表英文论文时采用哪种署名格式，都要注意署名的一致性。不要在一些论文上署名 Shou-Chu Qian，在另一些论文上署名 Shouchu Qian，而其他一些论文上又署名为 S. Chien。

一般来说，科技期刊不会在作者的姓名后列出学位或类似“Dr.”（博士）的头衔。不过，大多数医学期刊在作者姓名后列出作者的学位。然而，即使是在医学期刊中，学位和头衔并不出现参考文献中。要想知道论文中作者署名的合适写法，投稿人应参阅目标期刊的《稿约》或者该期刊最近一期的论文。

标署作者地址

标署作者地址的方法很简单，但很多作者经常违反。这也就导致作者姓名和地址不能正确对应起来。不过，很多时候是由于期刊本身的体例格式而非作者的疏忽造成了这些混乱。

如果论文只有一位作者，则只需要给出一个地址（开展科研工作的实验室的名称和地址）。如果在论文发表前，论文作者调去了一个新的部门或机构工作，就应在论文首页以“Present Address”脚注的形式给出作者调去的新地址。

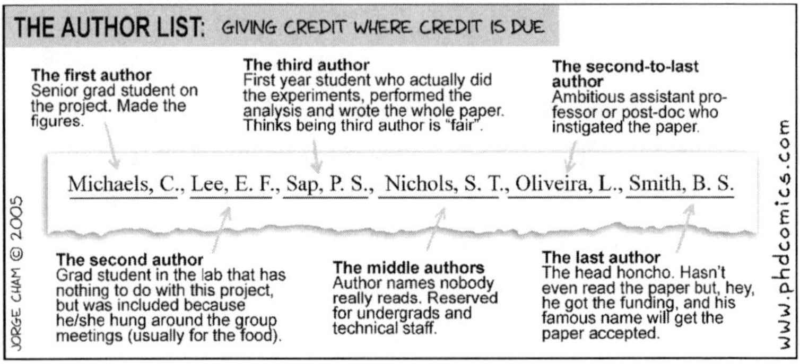

（www. phdcomics. com）

如果论文有两位或两位以上的作者，并且各位作者都来自不同的机构，就应该按作者排名顺序逐一列出作者的地址。

常见的问题是：三位作者来自两个不同机构。解决办法是，在作者姓名后以特殊符号（如上标 a，b，c）做标记，同时在对应的地址后面（或前面）亦以该特殊符号进行标记。（有时期刊编辑部会要求作者提供单位，然后自行处理格式问题。相关情况应遵循《稿约》。）

这种做法有助于读者确定 R. Jones 到底来自耶鲁大学还是来自哈佛大学。清楚标署作者和对应地址，对二次文献服务系统也很有帮助。论文检索服务同样需要能够判断作者署名为 J. Jones 的论文到底是由依阿华州的 J. Jones、还是康奈尔大学的 J. Jones、还是英国剑桥大学的 J. Jones 发表的。只有作者在论文上清楚地标明署名和地址，检索服务才能将由同一作者发表的论文归类在一起。

目　　的

标署作者地址有两个目的：一方面可以标明作者所在部门或机构，另一方面可以方便读者联系这些作者。现在，科研人员主要的通讯方式是电子邮件（e-mail），所以在作者地址中通常也要提供一个 e-mail 地址，用于答复针对论文的咨询意见。一些期刊用星号、脚注或志谢的形式确定相关人员。论文作者应该了解目标期刊的相关要求，也要尽早确定由哪一位作者承担此项工作。

负责论文发表前后通讯事宜的作者被称为“通讯作者”。期刊要求每篇论文指定一名通讯作者。通讯作者通常负责投稿、接收编辑的录用/拒稿意见、提交修订稿、在录用后与编辑部保持联系（例如，答复编辑或校对人员提出的问题）、答复读者咨询意见。通讯作者在文章发表过程中及发表后应能随时联系到。通讯作者到底是一种荣誉还是意味着一种责任，目前看法不一。

一般情况下，每篇发表的论文上都必须清楚注明作者署名和地址，除非是科研人员希望匿名发表，或者希望尽可能隐藏作者信息。

（康 敏 译 顾良军 校）

第9章 如何撰写摘要

> 我强烈地感觉到，正是那些充斥着“术语”和废话的拙劣摘要严重阻碍了科技交流。
>
> ——Sheila M. McNab

摘要的定义

摘要（abstract）可视为论文的微缩版本。一篇摘要应能简要概括论文导言（introduction）、材料与方法（materials and methods）、结果（results）、讨论（discussion）等各部分的内容。诚如 Houghton（1975）所言：“An abstract can be defined as a summary of the information in a document（摘要可被定义为对一篇文章中所有信息的总结）。”

美国国家标准机构（American National Standards Institute，1979b）指出：“一篇好的摘要能让读者准确而轻松地获取文章的基本内容，据此判断论文是否与他们的研究兴趣相关，进而决定是否需要继续阅读全文。”摘要不但字数不得超过期刊限定长度（通常是250字），而且必须清楚地说明论文的主要内容。通常摘要只有一段话（图9.1）。有一些期刊则采用结构式摘要，这种摘要包含几个简短段落，每一段落前有一个标准化的小标题（图 9. 2）。不论是在论文发表的期刊上，还是通过计算机检索关键词，读者总能率先读到一篇论文的摘要。

EFFECTS OF SCIENTIFIC-WRITING TRAINING ON KNOWLEDGE AND PUBLICATION OUTPUT

(An Imaginary Study)

Scientists must write to succeed, but few receive training in scientific writing. We studied the effects of a scientific-communication lecture series, alone and combined with feedback on writing, on scientific-communication knowledge and publication performance. During the spring 2005 semester, 50 science Ph.D. students in their last year at Northeast Southwest University were randomly assigned to receive no instruction in scientific writing, attend eight 1-hour lectures on the topic, or attend these lectures and receive feedback from classmates and an instructor on successive parts of a scientific paper they drafted. Members of each group then took a test of scientific-communication knowledge, and the publication output of each group was monitored for 5 years. Members of the groups receiving instruction scored between 80 and 98 percent on the test of scientific-communication knowledge, whereas all but two members of the control group scored below 65 percent. Although on average the group receiving lectures and feedback scored higher than the lecture-only group, the difference was not significant. During the 5-year follow-up, on average the control-group members submitted 6.1 papers to journals and had 4.1 accepted. The corresponding figures for the lecture group were 6.5 and 4.8, and those for the lecture-plus-feedback group were 8.3 and 6.7. Higher proportions of the latter two groups had papers accepted by the first journal to which they were submitted. These findings suggest that instruction in scientific writing, especially if it includes practice and feedback, can increase knowledge of scientific communication and promote publication success.

图 9. 1 一篇虚拟科研论文的摘要（传统格式）。本摘要长度略低于 250 个单词，符合典型的字数限制。在报道真实的研究时，统计学信息可能更复杂。请注意，信息的顺序与典型的科研论文是一致的。

Effects of Scientific-Writing Training on Knowledge and Publication Output

(An Imaginary Study)

Background. Scientists must write to succeed, but few receive training in scientific writing. We studied the effects of a scientific-communication lecture series, alone and combined with feedback on writing, on scientific-communication knowledge and publication performance.
Method. During the spring 2005 semester, 50 science Ph.D. students in their last year at Northeast Southwest University were randomly assigned to receive no instruction in scientific writing, attend eight 1-hour lectures on the topic, or attend these lectures and receive feedback from classmates and an instructor on successive parts of a scientific paper they drafted. Members of each group then took a test of scientific-communication knowledge, and the publication output of each group was monitored for 5 years.
Results. Members of the groups receiving instruction scored between 80 and 98 percent on the test of scientific-communication knowledge, whereas all but two members of the control group scored below 65 percent. Although on average the group receiving lectures and feedback scored higher than the lecture-only group, the difference was not significant. During the 5-year follow-up, on average the control-group members submitted 6.1 papers to journals and had 4.1 accepted. The corresponding figures for the lecture group were 6.5 and 4.8, and those for the lecture-plus-feedback group were 8.3 and 6.7. Higher proportions of the latter two groups had papers accepted by the first journal to which they were submitted.
Conclusion. These findings suggest that instruction in scientific writing, especially if it includes practice and feedback, can increase knowledge of scientific communication and promote publication success.

图 9.2 图 9.1 中同一论文的结构式摘要。两篇摘要内容相同，但分成数段，并设置了小标题。同样，内容是虚构的。

摘要应当：①陈述所做研究工作的主要目的和研究范围；②描述进行该研究所采用的方法；③总结研究结果；④概括该研究的主要结论。论文中的研究所推出的结论非常重要，通常它会被提及三次：第一次在摘要里；第二次在导言部分；第三次在讨论部分，也是阐释得最全面的一次。

大多数摘要需要用过去式来写，因为它是在陈述一个已完成的研究。

摘要里决不能含有论文中没有的结论或信息。在摘要中不应引用文献（除非有特例，例如论文是对前一篇论文的方法提出修改意见）。同理，摘要中不应出现图表。

摘要的类型

以上法则适用于发表在主流期刊和索引服务（如 Chemical Abstracts 等）上的摘要。这类摘要俗称“报道型摘要（informative abstract）”，它高度概括了论文的正文。报道型摘要应能够指明研究问题、陈述研究方法、给出主要数据和研究结论。读者通常通过阅读这种摘要就能了解全文。没有这类摘要，科学家就无法跟进其研究领域的最新动态。（然而，在引用一篇论文之前，必须通读全文，因为毕竟有的摘要——当然我不是在说你写的——没能完整而准确地介绍该论文的研究。）在大多数期刊里，报道型摘要会被放在正文前（因而充当了一个“标题”）。

另一类常见摘要是指示型摘要（indicative abstract），它有时又被称作“描述型摘要（descriptive abstract）”。指示型摘要（图 9.3）旨在给出论文研究的主要问题。它比较像是论文的目录，能帮助潜在读者判断是否需要阅读论文正文。然而，由于其实质内容过少，这类摘要很难成为替代一篇论文的短介绍。因此，提示型摘要不能用作一篇科研论文的“标题”（heading），但它们能被纳入其他类型的论文里，诸如综述型论文、会议报告、政府报告等。此外，提示型摘要对文献管理人员来说有很大的帮助。

Teaching of Scientific Writing

(An Imaginary Review Article)

In this article we summarize and discuss the literature on teaching scientific writing. Although we focus mainly on articles in peer-reviewed journals, we also draw on material in professionally oriented magazines and newsletters and in books. First we describe methods used for the literature review, including databases searched, keywords used, and languages and dates included. Then we present information on the history of teaching scientific writing and on instructional designs reported, including single sessions, intensive short courses, and semester-long courses; examples of instruction at specific institutions and under other auspices are noted. Also addressed are the teaching of English-language scientific writing to non-native users of English, the use of distance instruction in teaching scientific writing, issues in scientific-writing instruction, and current trends in the field. Finally, we identify topics on which further research appears advisable. Supplementary materials include annotated lists of textbooks and websites useful in teaching scientific writing.

图 9.3 一篇综述的指示性（描述性）摘要，该摘要约 150 个单词，有点像“目录”，列举了文章叙述的内容，但未说明具体内容。

McGirr（1973，p. 4）对不同类型摘要及其用途进行了有效的讨论，其结论值得分享在这里：“在撰写摘要时，要维护摘要内容的独立性和自明性。这就是说，摘要应直奔主题，避免引用文献、数字、或图表……它的语言应当是潜在读者所熟悉的，应避免晦涩的略语和首字母缩略词。撰写摘要应在完成论文之后。”

不要在摘要里对一个较长的术语使用略语，除非它在摘要中被反复使用。你可以等到在正文中（可能是导言里）第一次提起这个术语时，再介绍它的略语。

摘要的用词应简洁

很少有科学工作者会在摘要里漏掉论文的一些重要信息。摘要里更常见的错误其实是包含过多与主要内容无关的细节。

有位科学家曾经发现了物质和能量之间的关系的复杂理论。基于此发现，他写了一篇深奥的论文。然而，这位科学家意识到想让他的论文通过编辑的审核，那就必须使论文的摘要尽可能地简洁明了。因此，他花了大量的时间锤炼摘要，删除一个又一个单词，直到最后所有多余的话都被去掉，最终面对大家的竟是一篇短得不能再短的摘要："$E = mc^2$"。

如今，大多数科技期刊在每篇论文前都印出其摘要。这种摘要大多被印成（且必须提交为）一个自然段。正因为摘要通常出现在正文之前，且期刊编辑和审稿人需要通过它大致了解该论文（在审稿期，摘要几乎每次都被最先读到），因此，写出简明扼要的摘要至关重要。如果论文摘要给人印象不佳，科研工作就有可能得不到认可。大多数情况下，由于时间有限，稿件评审者在看完摘要后就会对论文做出一个评定。正如前面所说，摘要只是论文正文的一个简要概括；所以审稿人在看完摘要后做出的决定应该也只是一个初步的决定。但是审稿人的初步决定一般都是对的，因为好的论文才有好的摘要，而糟糕的摘要也就预示着糟糕的论文。

因大多数期刊要求投稿者提交一篇标题型摘要，而许多国家或国际型会议都需要与会者提交会议摘要（大多会议的参与资格都取决于所投论文摘要的质量）。科学工作者应切实掌握如何写好摘要。

撰写摘要时要字斟句酌。能用 100 个字讲清楚的内容绝不用 200 个字来写。不论是从用词的简洁度还是表达的科学性出发，都没必要在摘要中浪费字句。从事科技交流不应滥用字句。更重要的是，简洁有力的词句无疑能打动编辑和审稿人（更别提读者）。反之，模糊、冗繁的行文可能让你的投稿被拒。

一位经验丰富的科技写作教师曾用一个故事向学生讲解何谓优秀的摘要。他指导学生列出故事的主要观点，而列出文章的主要观点正是写出一篇好摘要的关键。

这个故事是这样的：某晚，一个交响乐团被安排演奏贝多芬著名的《第九交响曲》。在演出开始之前，低音提琴手们碰巧在一块儿聊天，其中一位乐手提醒他的同事们在《第九交响曲》快到最终乐章时，低音提琴部会有一段颇长的停奏。另一位乐手听后说："与其傻坐在舞台上度过那段间隔，不如咱们今晚偷偷离开舞台，从后门撤出去，到街对面的酒吧痛饮几杯?"所有人都赞同这提议。当夜，停奏间歇来临时，这些低音提琴手们真的都溜下舞台，去了酒吧，每人喝掉四杯加量苏格兰威士忌。这时，一位低音提琴手说，"各位！是时候回去演奏终曲了。"另一位低音提琴手却说，"不用担心，演出开始前我就跑到指挥台上把最后乐章开始前的乐谱绑上了好几道绳子，指挥要花好几分钟才能解开那些绳子。我们再喝一杯。"这些低音大提琴手果真又喝了一杯。

故事讲到这里，这位教师对学生说，"现在，故事到了最戏剧化的一幕。如果要由你们来描述一下当时这种混乱的情况，你们其实只需寥寥数语：'It's the last of the Ninth, the score is tied, and the basses are loaded'。"（大意是：应该演奏第九交响乐的最后乐章了，但是乐谱被绳子绑上了，低音大提琴手们也喝得烂醉如泥。）

（刘梦菡 译 林东涛 校）

第10章　如何撰写导言

不善始者不善终。

—— Euripides（欧里庇德斯，古希腊三大悲剧作家之一）

导言的规则

前面几章我们把与论文相关的基础知识都谈过了，现在就此引入论文正文。值得一提的是，尽管编辑和读者通常会先阅读摘要和标题，然后才会阅读正文；不过，一些有经验的作者还是习惯在写完整篇论文以后再拟标题和撰写摘要。然而，无论是在稿纸上还是电脑里，你都应该草拟一个暂时的论文题目和论文提纲。同时，还要考虑论文读者的层次，这样才方便你决定哪些术语和流程需要解释。如果头脑中没有一个明确的研究目标，你的论文很容易迷失方向。

通常需要在研究还在进行的时候就着手准备论文。这样做是因为这时停留在你脑海中的细节还非常清晰，便于记录。此外，边做研究边写作能够帮助你发现研究工作中的不足和实验结果中矛盾的地方。因此，最好是在实验设备和材料尚完备的情况下动笔。如果你同别人合著论文，在合作实验还在进行、合作伙伴能给予你意见的时候规划好论文。

正文的第一个部分当然是导言（introduction，或称引言）。导言的目的是为了提供足够的背景知识和相关信息，让读者能够不查阅以往期刊上发表的文章就能理解论文的结果并评估其科研成果。导言还应说明作者开展论文所述科研工作的原因。最重要的是，应在导言里明确指出论文的写作目的。仔细挑选出能够提供重要背景信息的文献。大多数导言需要用现在时，因为导言中提出的是现在发现的问题和同领域研究里已确立的理论。

好的导言需遵守如下规则：①导言必须首先明确地提出研究课题的性质和范围。②为帮助读者理解课题的大致情况，应当简要回顾相关的文献内容。③导言应当指出课题所采用的研究方法。必要的情况下，应陈述为什么选择某一种方法。④它应当列出研究的主要结果。⑤导言应当给出由结果导出的主要结论。不要给读者留下悬念，应让他们去探寻实验证据的发展。一个欧·亨利（O. Henry）式、令人吃惊的结局很适合小说，但并不适合科技写作。

许多作者，特别是刚涉足科技写作的作者，喜欢犯像这样的错误：把最重要的发现保留至论文的尾部。更有甚者，为了制造悬疑，有些作者在摘要中去掉一些重要的发现，以为这样会为论文带来一个出人意料的戏剧化高潮。然而，在学识渊博的科学家面前卖弄这样的把戏，纯属班门弄斧。更惨的是，对于一篇“悬念式”的论文，大多数读者恐怕没耐心忍受前面枯燥的内容，还没读到点睛的部分就放弃整篇文章了。正如Ratnoff（1981，p. 96）所言：“阅读一篇科技论文不是像在阅读一部侦探小说。读者要一开始就知道真相。”

遵守前述规则的理由

前三条规则不言自明，大多数科技论文作者甚至是初写科技论文的人都能理解和接受。然而，我们需要留心的是，导言的目的是为了介绍整篇论文，因此，第一条规则（定义研究问题）是最为核心的。显而易见，如果科技论文的作者不能把拟研究的问题解释得合乎情理并且清楚易懂，那么读者根本不会对后面的解决方法产生兴趣。即使有读者会费力地读完一篇主题不明的文章（当然这在大多数情况是不可能的），他也看不出论文所提出的解决方法妙在何处。简单来说，一篇科技论文更像是另一种新闻写作。在导言你需要迅速吸引读者的注意力，告诉他们为什么选择这个研究课题以及这个题材为什么意义重大?

第二条和第三条规则和第一条紧密相关。文献综述和方法选择应当让读者明白研究课题到底是什么、问题在哪里以及你的解决方案。

前三条规则很自然引发了第四和第五条规则，即陈述主要结果和主要结论，这是导言的高潮部分。这种从研究问题到解决方法的写作思路非常重要，因此即使和摘要有重复也是可以接受的。

一些例外

在有的研究领域和科技期刊中，科技论文主要遵循前三条规则。因此，投稿时应将所投刊物已发表的论文作为模板，参考它们的导言里是否写出了结果和结论。如果没有，你也不需要在自己论文的导言部分写出来。

同理，在一些领域，导言采用漏斗式结构，对研究内容的讨论由宽入窄，从广义和概括性的知识出发，继而再介绍狭义和特定的知识。例如，在导言里可以先介绍科研工作所属大课题的重要性，接着回顾总结科研人员对该大课题的某一方面所做的研究，再来指出该方面研究还未解决的问题，最后提出当下研究如何解决这问题(图 10.1)。这种方法就像是你在同来你

Introduction to an Imaginary Paper

Scientists must write to succeed, but few receive training in scientific writing. According to recent surveys, only 9 percent of scientists in the United States,[1] 5 percent of scientists in China,[2] and 3 to 12 percent of scientists attending recent international conferences[3-5] have taken a course in scientific writing. Even when briefer forms of instruction, such as workshops, are included, only about 25 percent of U.S. scientists have received formal instruction in scientific writing.[1] Discussions at a recent roundtable[6] suggest that the figure tends to be lower in other countries.

Further, relatively little information exists regarding the effectiveness of such instruction. One study[7] indicated that compared with peers without such instruction, postdoctoral fellows who had taken a scientific-writing course as graduate students felt more confident of their scientific-writing abilities and received more comments of "well written" from peer reviewers. Another study[8] suggested that the time from submission to final acceptance tended to be shorter for papers by authors who had taken a course in scientific writing. However, a third study[9] found no difference in quality of scientific papers written by early-career scientists who had completed a weeklong workshop on scientific writing and those who had spent the time vacationing at a national park. The literature appears to contain little, if anything, on effects of scientific-writing instruction on knowledge or on number of publications. Likewise, it contains little or nothing on the relative effects of different forms of scientific-writing instruction.

To help address these gaps, we compared outcomes in advanced graduate students randomly assigned to receive no instruction in scientific writing, to attend a lecture series on the topic, and to attend the lecture series and receive feedback on a draft of a scientific paper. We then tested scientific-communication knowledge and monitored publication output for 5 years. Outcome measures included number of papers submitted, number of papers accepted for publication, and time from initial acceptance to publication.

图 10.1 这是假定的一篇关于科技论文写作培训的导言。该导言约300个词，遵循“漏斗式结构”，即从概括性的内容再到具体的内容。本导言纯属虚构。

实验室参观的人员先介绍整个实验室的背景信息再领他们观摩你正在进行的实验。换言之，导言就像是你对来参观你研究资源的游客所致的欢迎词，它能带给读者有用又易懂的信息。

引用和略语

如果你曾发表过一篇和论文研究相关的首项附注或是科研摘要，就应在导言里引用它。如果有与你的研究非常相似的论文已经或将要发表，也应当在导言部分、通常是在接近最后的地方提到它。这样就方便读者搜寻相关文献。

除了上述规则，注意你的论文可能被非你领域的人读到。因此，你应当在导言部分定义任何特殊的术语和略语。这样做会避免出现下面的混淆：我的一个熟人是一名法官，他常常把某人简称为 GC。医学英语里，GC 是淋球菌（导致性病的病菌）的略语。而把律师称作淋球菌听起来甚是邪门。事实上，在法律英语中，GC 指的是法律总顾问（general counsel）。

（刘梦菡　译　林东涛　校）

第 11 章　如何撰写材料与方法部分

十九世纪最伟大的发明就是出现了发明的方法。

——A. N. Whitehead（怀特海德，英国数学家）

材料与方法部分的目的

在论文的第一部分，也就是引言部分，作者指出了采用的研究方法。必要时，在引言部分还要给出采用这种研究方法而不采用其他研究方法的理由。

在材料与方法部分要描述得尽可能详细。这部分大多以过去时来表达。材料与方法部分的主要目的是描述实验方法，提供尽可能多的细节，以便具备一定能力的同行能重复论文所描述的实验；必要时，要解释为什么采用这种实验方法。另一个目的就是为读者提供足够的信息，以便判断论文实验方法是否合理，从而判断实验结果是否有效，并进而判断实验结果在什么范围内具有普遍意义。很多读者（也许大多数读者）会跳过材料与方法部分，因为他们已经从引言部分知道了作者所采用的实验方法的大致情况，而对实验细节没什么兴趣。不过把这部分详细描述出来还是非常重要，因为对科研方法的首要要求就是科研结果可再现；要让读者认为论文结果可再现，就必须提供能让他人重复该实验所要采取的基本步骤。如果实验不能被重复，论文就偏离了科学轨道。所以论文必须给出能复制出同样或类似结果的实验方法，否则论文就不是真正的科技论文。

如果论文是给同行审稿，好的审稿人会非常认真地阅读材料与方法部分。如果审稿人强烈怀疑论文所述实验是否能被重复，那么不管给出的实验结果看起来有多么激动人心，审稿人都会建议编辑拒稿。

材　料

实验材料包括材料的技术指标，所使用的剂量、来源，使用的方法，有时甚至要在论文中列出所使用试剂的相关化学和物理特性。一般要在论文中避免使用材料的商用名称，最好使用通用名称或化学名称。这就避免了结某个品牌做广告的嫌疑。此外，材料的非商用名称可能在全球都为人所知，而材料的商用名称可能只有本国人才知道。但是，如果商用产品间存在一定区别，并且这些区别非常关键（就如一些微生物培养基的区别一样），就必须注明材料的商品名称和厂商名。如果商品名称是注册了的商标，那么这些名称必须首字母大写（比如 Teflon），以将他们与通用名称区别开来。通常商标名后紧跟着通用名称，比如 K1eenex facial tissues（Kleenex 面巾纸）。

对实验中采用的动物、植物和微生物，通常要用其属名、种名、类名来准确标记。这些材料的来源要列出来，其特性（如年龄、性别、遗传和生理状况）也要描述出来。如果选用了人作为实验对象，应在这部分给出遴选标准，同时在投稿时要附上接受试验人的“知情同意书”（informed consent）。另外，如果使用了人或动物作为实验材料，投稿时还要提供相关委员会同意开展该研究性实验的批文。

如果实验结果不可再生，论文的价值连同论文作者的声誉都会受损；所以你必须非常认真地描述研究材料。要仔细阅读欲投稿期刊的《作者须知》，因为里面通常会详细列出对稿件的主要要求。以下就是细胞和试剂研究领域的一则措辞准确的征稿要求（节选自 Society for in Vitro Biology 期刊 In Vitro Cellular & Developmental Biology 的《作者须知》）：

Cell Line and Reagent Data

The source of cells utilized, species, sex, strain, race, age of donor, and whether primary or established, should be clearly indicated. The name, city, and state or country of the source of reagents should be stated within parentheses when first cited. Specific tests used for verification of cell lines and novel reagents should be identified. Specific tests for the presence of mycoplasmal contamination of cell lines are recommended. If these tests were not performed, this fact should be clearly stated. Other data relating to unique biological, biochemical, and/or immunological markers should also be included if available. Publication of results available to qualified investigators. Authors deriving or using cell lines are encouraged to follow the UKCCCR Guidelines for the Use of Cell Lines in Cancer Research in respect to validation of identity and infection-free cultures.

方　　法

人们通常采用时间顺序来描述实验方法。不过对于关系紧密的几种方法，放在一起描述比简单地按时间顺序先后描述要合适。例如，有一个试验即使是在研究阶段的后期才做的，在论文中这个试验方法还是应同作者采用的其他试验方法放在一起描述，而不是单独放在材料与方法部分的后面来描述。

标　　题

材料与方法部分通常都有副标题（subheading）。想要知道是否可在材料与方法部分使用副标题及使用哪一种形式的副标题，应该查看目标期刊上的类似论文。要尽可能使材料与方法部分的副标题与结果部分中出现的内容前后一致。如果能使论文前后一致，在撰写论文的这两部分时都会容易不少，同时读者也能很快将论文中的某个方法与结果部分的相应内容联系起来。

测量与分析

论文写作力求准确。材料与方法部分就好比烹饪书中的食谱。如果实验中要给反应混合物加热，必须在论文中指出加热到什么温度。对于类似“怎样”和“多少”这样的问题，都应给出准确的回答，而不要让审稿人或读者百思不得其解。

对数据做统计分析很有必要，不过应该突出和讨论的是数据而不是统计学知识。如果花费大量篇幅赘述所采用的统计方法，给人的感觉就是作者最近刚学会这种统计方法，并认为读者也该跟着自己学一些。实际上使用常用的统计方法时没有必要详细叙述该方法；使用复杂的或不常用的统计方法时才需要做详细介绍或指出参考文献。

还要注意句法。有一份投稿中给出的方法被编辑戏称为“消失的方法”。作者声称，“The radioactivity in the tRNA region was determined by the trichloroacetic acid-soluble of Britten et al.”（“tRNA 区域的辐射性可由能溶解 Britten 等人的三氯醋酸来确定。”）还有这样一种“痛苦”的方法：“After standing in boiling water for an hour, examine the flask.”［“（研究人员）在沸水中站立一小时后，检查烧瓶。”］

使用参考文献

在描述采用的研究方法时，应给出足够多的实验细节，以便具备一定能力的科研人员能够重复论文所述的实验。如果使用的方法是全新的（未发表过的），必须提供所有必要的细节。如果使用的方法在期刊上发表过，还要指出参考文献。如果使用的方法是读者所熟知的，则只要指出参考文献。如果读者可能并不熟悉作者所使用的方法，特别是如果作者采用的方法发表在一般读者不容易看到的刊物上时，应该在论文中对这种方法略做描述。

如果解决一个问题有几种常用方法，最好明确指出自己所采用的方法，同时注明参考文献。比如，在论文中与其说“cells were broken as previously described (9)”（“采用如文献 9 中描述的方法将细胞分裂”），不如说：“cells were broken by ultrasonic treatment as previously described (9).”（“采用如文献 9 中描述的超声波方法将细胞分裂。”）

图 和 表

如果研究工作中使用了大量的微生物种类或突变体，则可以用表格来说明突变体、抗生素、质粒等的来源和特性。用表格把化合物的性质列举出来，这对作者和读者都有好处。当然，其他类似情况下也可以使用表格。

如果论文中的一个方法或一个微生物种类只是论文所报道的科研工作的很小一部分，那么应该只在结果部分描述该方法或微生物种类。在与目标期刊的要求不冲突的情况下，如果对该方法或微生物种类的描述非常简短，那么也可以把这些描述放在表格或图片的说明文字里。

图片可以用于辅助描述实验方法。例如，流程图常用于描述实验步骤，示意图常用于演示实验器材。

正确的体例格式和语法

论文作者常犯的错误是把本应放在结论部分的内容放在材料与方法部分。衡量材料与方法部分优劣的唯一准则就是：该部分是否给出了足够的信息，使得具备一定能力的同行能够重复论文中的实验。

避免投稿被拒的一个好办法，就是把论文初稿给同事阅读，确定同事是否能完全理解论文中的方法。作者因为太熟悉自己的科研工作而看不出论文中材料与方法部分的问题，可是同事在阅读论文时就很有可能找出一两个明显的错误。比如，论文中详细描述了使用的蒸馏设备、过程和产物，却忘记说明蒸馏的原始材料或者蒸馏的温度。

在语法和标点符号上犯错误有时并不太严重。比如在引言部分和讨论部分，在描述一般性的概念时偶犯语法或标点符号上的错误也不会影响读者理解论文。但是在材料与方法部分，凡事都应力求准确与精确，所以在这一部分必须注意避免语法和标点错误。有时即使是漏掉一个逗号都会造成大错，例如“Employing a straight platinum wire rabbit, sheep and human blood agar plates were inoculated…”这个句子一开头就因使用虚悬分词而出现语法错误，但还不至于让人无法理解；但当作者在“wire”后面漏用逗号后，这个句子的意思就完全改变了。

很多写作书籍都建议写作时少用被动句。但在科技论文的材料与方法部分，被动句却很常用，因为这部分更注重的是做了什么，而不是谁做的。比如，这部分会常用类似“Mice were injected with…”这样的句式，而不用“I injected the mice with…”、“A technician injected the mice with…”或“A student injected the mice with…”这样的句式。不妨用“We injected…”这样的句式，即使有时只有一人完成这项科研工作（尽管有人坚信期刊论文不应使用第一人称，但很多期刊还是允许出现“I”和“we”）。

有时作者在材料与方法部分提供的信息过分简短，以致一些必要的细节被省略。最常见的错误就是在应该明确指出动作及动作的实施者时，却忽略了后者。比如这个句子：“To determine its respiratory quotient, the organism was…”初看好像是指出了动作的实施者“the organism”，但实际上这个句子有语法错误，因为“thc organism”不可能具备做出一个决定的能力。还有这样一个句子：“Having completed the study, the bacteria were of no further interest.”真令人难以相信细菌能“completed the study”；如果细菌在“completed the study”后不再有“further interest”，这些细菌就显得有些忘恩负义了。

“Blood samples were taken from 48 informed and consenting patients…the subjects ranged in age from 6 months to 22 years”（Pediatr Res. 6:26, 1972），这句话并没有语法错误，但读者看完后会觉得奇怪，6 个月大的婴儿怎么能发表同意接受实验研究的声明。

当然还要注意论文投稿和校样中的拼写错误。即使我们不是天文学家，还是能很容易地发现下面的句子中有单词拼写错误："We reply on theatrical calculations to give the lifetime of a star on the main sequence"（Annu. Rev. Astron. Astrophys. 1：100，1963）。

（顾良军　译　林东涛　校）

第12章　如何撰写结果

实验结果！老天，我有太多实验结果要告诉大家。我知道好几千种行不通的实验方法。

——Thomas A. Edison（爱迪生，美国发明家）

结果部分的内容

论文的核心部分就是数据。在论文中这部分称为“结果”（Results）。

结果部分不应该用于描述在材料与方法部分遗漏的内容。

结果部分通常有两方面的内容。首先，对所做实验给出总体描述，但不要重复描述材料与方法部分已给出的实验细节；其次，给出实验数据。描述实验结果时采用的一般都是过去时态（参见第30章中“科技写作中的时态”部分的内容）。

撰写结果部分并不容易。怎么样把实验数据展现出来呢？简单地把实验室笔记本上的内容搬到论文上显然行不通。

最重要的是，在结果部分应该展示有代表性的数据，而不是重复性的数据。如果科技人员重复相同的实验100遍，并且取得的实验数据没有什么大的出入，那么项目负责人对此还可能颇为欣赏。但是，期刊编辑和期刊读者还是希望只看到有代表性的数据。Aaronson（1977）是这样说的："把所有数据都写到论文里并不意味着作者掌握了大量信息；相反，这意味着作者缺乏鉴别能力。"一个世纪前的地理学家 John Wesley Powell（曾于 1888 年担任美国科学进步协会的主席）也表达了相同的观点，"庸才罗列事实，智者甄别材料。"（"The fool collects facts; the wise man selects them."）。

如何处理数据

结果部分如果只有几个数据，可以逐一给出这几个数据。但是，如果数据很多，就应该使用图表。

结果部分给出的数据应该都是有意义的。假设在一个特定的化学实验里，科技人员逐个测试了一些变量，那些能影响化学反应的变量就是有意义的数据，并且如果这些变量为数众多，应该用表格和图片的形式给出这些变量；而那些对化学反应没什么影响的变量就不用在结果部分给出。结果部分也可以指出实验结果不尽如人意的地方，或是在一定实验条件下该实验未能产生预期的结果。而其他科技人员很有可能在别的实验条件下得到不同的实验结果。

如果要使用统计学方法来描述实验结果，就应当恰如其分。Erwin Neter 是《Infection and Immunity》的总编，他经常跟人讲述这样一个故事来强调要正确使用统计学方法。他嘲讽说某篇论文里居然有这样的话："实验共使用了三只老鼠，其中 1/3 的老鼠可以被该测试药剂治愈；1/3 的老鼠对该测试药剂没有反应，病得奄奄一息；剩下最后一只老鼠在实验过程中跑掉了。"

力求清晰

描述实验结果时应力求简洁清楚而没有废话。Mitchell（1968）曾引用爱因斯坦的话：“在描述事实真相的时候，把修饰工作留给裁缝去做吧。”结果部分是论文中最重要的部分，但是这部分也经常是论文中最短小的部分，尤其是之前的材料与方法部分和之后的讨论部分都写得很好的时候。

因为实验结果就是作者的科研工作所要贡献的新知识，所以结果部分要叙述得简洁清楚。论文的前面几部分（导言以及材料与方法）将告诉读者，作者为什么开展这项科研工作，以及作者是如何开展科研取得实验结果的；论文的后面部分（讨论）则告诉读者这些实验结果有什么意义。显然，论文全文都是因为结果部分的内容才得以立足。所以，结果部分务必要做到意思清楚。

避免重复

如果结果部分写得十分啰唆，那么也不必觉得过分内疚。事实上，结果部分最常见的错误，就是把已用图表表达的数据又用文字重复描述一番。更糟的是把图表中的大多数或全部数据都用文字叙述出来。因为许多作者都会犯这样的错误，本书在第16章和第17章探讨如何制作表格和图片时，将会详述如何避免赘述实验结果。

在引用表格和图片时也不要啰唆。不要说“It is clearly shown in Table 1 that nocillin inhibited the grown of N. gonorrhoeae”，而应该说“Nocillin inhibited the grown of N. gonorrhoeae（Table 1）”。

不过有些作者在写作时又过分简略，经常忘记指出代词指代的是什么，特别是“it”。在一篇医学论文上有这样的句子："The left leg became numb at times and she walked it off…On her second day, the knee was better, and on the third day it had completely disappeared." 读者可以大致推测句子中的两个“it”指代的都是“numbness”，但是由于叙述过分简略，两个“it”都指代不清。

对网上补充材料的补充说明

越来越多的杂志开始以电子化的手段发布拟发论文的补充材料。此类部分有些是属于“材料”部分，但多数属于“结果”部分。例如，这些杂志会在网上提供附加数据或其他图表。不过，不同杂志对于是否需要提交此类材料以及如何提交均有不同规定。而且，不同的研究领域对于需要提交哪些方面的补充材料也存在较大差异。如果你觉得有必要通过网络途径提交补充材料，请参阅目标期刊的《稿约》。如果可能的话，也可以参考同类论文的处理方式。此外，某些期刊的编辑会要求你以“网上补充材料”的形式提供部分材料。

（顾良军　译　林东涛　校）

第13章 如何撰写讨论

华丽的辞藻带来了这样的问题：我们在努力陈述一个事实的同时难免让人觉得我们在掩饰其他事实。

——Ralph Waldo Emerson（拉尔夫·沃尔多·爱默生，美国思想家、文学家）

讨论和空话

相比论文的其他部分，讨论部分（有些杂志称之为议论，特别是在简短的文章中使用）难以定义清楚。所以，讨论部分也是论文里最难写的部分。或许大家知道，许多投稿的论文，其中的数据正确也很有意义，但最后还是被编辑退稿，原因就在于讨论部分写得太差。在很多情况下，讨论部分掩盖甚至歪曲了实验数据的意义，当然最后也只能导致拒稿。

许多论文（即使不是大多数）的讨论部分都拖沓冗长。正如Doug Savile所说，“有时我会遇到类似乌贼的障眼法的情况：作者不是很确信自己论文中的事实或论证，所以干脆就用一大堆不知所云的词语来‘保护’自己。”（Tableau，1972）。导致某些讨论冗长晦涩的另外一个原因是很多作者都认为必须避免在论文中使用第一人称。如果你想说“I found…（我发现…）”或者“I conclude…（我断定…）”，那么就应该这样写。尽量避免冗长模糊的句子结构，如“It was found in the present investigation that…（在该研究中，…被发现）”，或者“It is concluded that…（…被断定）”。

正如Allen Drury在《建议与赞同》（Garden City，NY：Doubleday，1959，P.47）一书中描述的那样，有些论文的讨论部分让人读后会联想起工于辞令的外交官，他们“给出回答的时候经常玩文字的擦边游戏，玩到最后就慢慢不知所云了，留给听众的只是一头雾水和客套的微笑”。

讨论部分的要素

好的讨论部分具备什么特点呢？如果作者在撰写讨论部分时能够注意以下规则，这个问题也就自然有了答案：

1. 尽量揭示结果部分说明的原理、关系和普适意义。务必牢记的是，讨论部分重在讨论结果而不是重述结果。

2. 指出结果部分的特例或无法用关系描述的情况，说明尚未解决的问题。不要试图掩盖或规避不理想的数据。

3. 说明实验结果与分析同以往文献是否一致（或不同）。

4. 不要畏缩；大胆指出你的研究具有的理论意义和可能的实际应用价值。

5. 尽可能清楚地陈述结论。

6. 为结论部分的每个论点总结论据。正如资深科学家所说：“不要想当然地设想任何事情。”

材料与方法部分同结果部分互相呼应；同理，引言部分与讨论部分也是如此。引言部分应该非常清晰地提出一个或几个问题；讨论部分应该指出论文的科研结果对解决这一个或几个问题提供了什么帮助。如果在引言部分没有指出待解决的问题，讨论部分的撰写将异常艰难。如果引言部分指出了待解决的问题，撰写讨论部分就要记得对这些问题给出合理解答。

引言的内容一般是从宽泛的课题过渡到论文涉及的具体研究，而讨论部分则恰恰相反。如果说讨论部分是一种金字塔式的结构，引言部分则是一种倒金字塔式的结构。譬如，结构较好的讨论部分可能会首先重述结论，之后分析论文结论与以往研究之间的联系，进而描述其意义和在实际中的应用，最后还可能会提出有待将来解决的问题。引言是作者邀请读者走进其研究的部分，而在结论部分，读者们已经更加了解论文的研究及其意义，这时作者则应该引领他们走出来。

事实关系

简单来说，讨论部分的主要目的就是揭示作者观察到的事实之间的联系。为了充分认识这一点，我们来看看以下这个关于生物学家训练跳蚤的故事。

一位生物学家在训练跳蚤好几个月后发现跳蚤能对他的命令做出反应。最令他高兴的是，他每次喊“跳”的时候，跳蚤都会跳起来。

这位教授打算将此惊人发现写成论文投稿到科学期刊以绝后人。不过，他就像真正的科学家一样，打算将实验做得更深入一些，于是他试图确定跳蚤身上接收声音的器官。在一项实验中，他一次扯掉跳蚤的一条腿。跳蚤还是在他每次喊“跳”命令时跳起来，但每被扯掉一条腿，跳蚤都跳得要低些。最后当所有的腿都被扯掉后，跳蚤一动不动了。一次又一次地，这位教授对着跳蚤喊“跳”，跳蚤都没反应。

教授认为他终于可以把自己的伟大发现发表出来了。他着手撰写论文，不厌其烦地描述了他在前几个月所做实验的细节。他的结论震惊学术界："When the legs of a flea are removed, the flea can no longer hear."（"去掉跳蚤的所有腿后，跳蚤就没法听到声音。"）。

加拿大科技编辑界的泰斗 Claude Bioship 也讲过类似的故事。一位科学课老师设计了一个实验，用以向班上的学生说明酒精的危害性。她放好两个杯子，一个装水，一个装酒。她再往每个杯子里放条小虫。水里的小虫游得很欢快，而酒里的小虫很快就死了。老师问学生，"这个实验说明了什么?"班上后排的一名学生回答，"这说明只要喝了酒肚子里就不会长虫子。"

提及优势和局限性

讨论部分也是揭示研究优缺点的场所。有些作者对这种做法感到不自在。然而，这既有助于读者，又能够让编辑和审稿人（同行评审）了解研究是否具有发表的价值。

有些作者认为展示优势，如高级的实验技术、较大的样本群、或较长的随访等，是不谦虚的表现。但是，这些信息却能帮助读者判定论文的权威性，也有助于说服审稿人和编辑这是一篇值得发表的论文。

如果研究存在重大局限性，如技术问题、较小的样本量或较短的随访等，作者应该怎么办呢？有些作者可能会选择掩盖这些缺陷。但这样做却违背了科学研究的公开性。而且，敏锐的审稿人、编者和读者也可能会注意到这些缺陷，进而推测作者并未注意到。所以，最好能够由作者自己坦承研究的缺点。只有这样，作者才有可能讨论这些缺陷对结论部分造成的影响。

论文的重要意义

一个常见的问题是没有讨论结果的意义或对结果讨论得不充分。如果读者在读完论文的讨论部分后还不由自主地要问："这些科研结果有什么意义?"那么论文作者就很有可能过分关注数据，而忽略了阐释数据的意义。

在讨论部分的结尾应对论文工作的重要意义做一个总结。(有些杂志要求论文包含独立的结论部分。)我们赞同 Anderson 和 Thistle（1947）对讨论部分的看法："如同好的音乐一样，好的作品也要有一个适时的高潮。许多论文没能达到预期的效果，就是因为讨论的清流最终迷失在污浊含混的沼泽地里。"或者用 T. S. Eliot 的话来说，很多科技论文的结尾"都绵软苍白，而非铿锵有力"。

揭示科学真理

揭示所观察到的事实之间的联系时，不必给出一个面面俱到的结论。作者很少能揭示全部真理；更多情况下，只能揭示某一方面的真理。所揭示的真理要有实验数据作为证明；如果推断出的结论没有令人信服的实验数据，就会显得很滑稽，以致那些由数据得出的结论也要受到别人的怀疑。

英国探险家 Richard Burton 爵士在诗歌 The Kasidah 中表达了这样一个重要思想：

All Faith is false，all Faith is true；
Truth is the shattered mirror strown
In myriad bits；while each believes
His little bit the whole to own.

（所有的信仰亦真亦幻；
真相是散落一地的碎镜片；
而每一个人却坚信
自己拾到的就是全部的真相）。

所以，还是只揭示自己确信的那部分真理为妙。“揭示全部真理”这一妄想就留给那些每天都宣称有重大发现的无知者去做吧。

对想揭示的那部分真理，应该尽量用简洁的文字来描述。最简洁的话语能蕴含最深远的智慧，啰唆的语言和花哨的字句展示的却是浅薄的思想。

（王中立 译 林东涛 校）

第14章　如何表述志谢

生命纵然短暂，对人谦虚有礼的时间还是有的。

——Ralph Waldo Emerson（拉尔夫·沃尔多·爱默生，美国思想家、文学家）

志谢的内容

科技论文的正文内容后还有两个部分：志谢和参考文献。

志谢通常包括两方面的内容。

第一，感谢别人，包括实验室同事或者任何其他人，给予的重要技术帮助，还要感谢提供了特殊实验设备或相关材料的个人或组织。可以使用诸如“Thanks are due to J. Jones for assistance with the experiments and to R. Smith for valuable discussion. ,”（“感谢J. Jones对实验给予的协助，感谢R. Smith给予的宝贵意见。”）的表达。（当然，对科技论文有一定经验的人大多都知道，这种志谢其实就是委婉地指出Jones参与了实验，Smith参与讨论了实验意义）。

第二，在志谢部分还要感谢接受的经费资助，比如基金、合同、奖学金等。(当今科研经费紧缺，所以有时在志谢部分或许还能以讽刺的口吻提及缺乏科研经费。)

表示应有的礼貌

撰写志谢部分时，很重要的一点是要礼貌。科技论文的这一部分并没有什么科技内容，只是需要用到在文明社会的任何场合都遵循的一些共同准则。比如，如果借用了邻居的割草机，(我们希望)你会向邻居道谢。又比如，如果邻居对你居室的装饰提出了很好的建议，你参考他的建议去做并发现效果不错，那么(我们希望)你也会记得向这位邻居道谢。科技领域也是如此：如果同事提供了重要的想法、重要的帮助或重要的设备，应该感谢这位同事。由于科技工作要以书面论文的形式公之于众，所以对同事的感谢也应以文字体现在论文的志谢部分。

撰写志谢时也要讲求方法。如果要在志谢中提及某人，要先征得被感谢人的同意。明智的做法是把拟好的志谢给那些被感谢的人看。被感谢的人可能会认为对自己的感谢不够或者言过其实。如果作者长期以来与某人工作配合紧密，总是向这个人借用设备或征求意见，这个人很有可能是作者的朋友或者是非常有帮助的一位同事；如果未经该朋友或同事同意就在论文中发表内容欠妥甚至可能令人不快的志谢，这其实就是在愚蠢地拿友谊开玩笑，甚至可能断送了以后的合作机会。与其给出不合适的志谢还不如不要志谢。如果确实很感激朋友和同事的建议和帮助，就应该细心一点，用他们喜欢而不是讨厌的方式来感谢他们。

此外，感谢别人的想法、建议或说明时，务必具体指明这些内容。如果将同事对此论文的贡献说得太大，那么就可能将他放到一个敏感而尴尬的位置，因为读者很可能认为该同事也要对整篇论文负责。毫无疑问，如果某同事不是论文的合著者，就不应让其对论文中主要的科研工作负责。事实上，他可能并不同意作者在文中的一些主要观点。所以，无论从科学角度还是道德角度来看，志谢的措辞都不应让人误以为被感谢人完全认同该论文中的所有观点。

我们建议“希望”（wish）一词从志谢部分消失。在表达愿望时“希望”是一个很好的词，就像用在“I wish you success.”（“我希望你成功。”）中一样。但是如果说“I wish to thank John Jones.”（“我希望感谢 John Jones。”）则是在浪费字眼，而且可能让人以为作者的意思是“I wish that I could thank John Jones for his help but it wasn’t all that great.”（“我希望感谢 John Jones 的帮助，不过他的帮助并不那么大。”）简单地说“I thank John Jones”（感谢 John Jones）就可以了。

（王中立　译　林东涛　校）

第 15 章　如何引用参考文献

论文中过多引用参考文献，给人的感觉不是治学严谨，而是作者对论文内容极度的不自信。

——William C. Roberts（威廉・C・罗伯茨，美国心脏病学专家、出版人）

必须遵循的规则

就像志谢一样，参考文献部分也需要遵守两条特定的规则。

第一，只列出已发表的有影响的参考文献。尽量不要引用未发表的数据、摘要、论文或其他间接材料。如果实在需要引用这类材料，可以用括弧标注出来，或像一些期刊允许的那样在正文中用脚注标注出来。已被接收、将要发表的论文可以引用，但要在将发表该论文的期刊名后注明“In Press”或“Forthcoming”（即将出版）。

其次，应确保每条参考文献的所有部分都正确无误。在投稿前要对照所引用文献的原始出处，仔细检查参考文献部分。在投稿被接受后，也最好对校样再做检查。有经验的图书管理员知道，论文里出现错误最多的部分就是参考文献。

还要记住的是，检查的时候要确保在论文正文中引用的文献都确实列在参考文献部分中，也要确保列在参考文献部分的文章都确实在正文中被引用到。

引文的电子辅助工具

电子时代的到来使得一切都得心应手，比如检查引用的文献是否正确规范，以及是否正文中引用的文献已被收录在参考文献部分等等。一般的文字处理软件都可以完成诸如新建、编号以及形成脚注和尾注等任务。这些功能对文献的引用以及文献列表的生成都大有帮助。但是，有些期刊规定不允许作者使用这样的功能，因为这样做可能会妨碍他们的出版进程。所以，应该首先熟悉杂志的投稿指南。

更值一提的是，诸如 EndNote、Reference Manager 以及 RefWorks 等文献引用管理软件还可以帮助作者生成文献数据库，进而生成适用于不同期刊的参考文献列表。这样，作者就可以不用逐字输入每条文献的信息，而是直接从参考文献数据库中导入即可。只要信息被准确输入软件，生成的参考文献也将准确无误。但是，软件故障时有发生，所以对参考文献部分的检查仍然不可或缺。有时人为的差错也不可避免。如果不经意导出错误的文献条目，那么这条错误的文献就会出现在参考文献部分。

如果你并未使用这些管理软件，就应考虑开始使用。这样能够节省很多时间，特别是相同的文献被引用于多种出版物，或者你的研究领域内的杂志要求多种不同的参考文献格式。如果你在大学或者研究机构学习和工作，将会很容易地获取这样的软件。另外，有些大学院校还会在图书馆里提供这些软件的使用说明，可能会对你大有帮助。

正文中的引文

许多作者在论文正文中引用文献时都有些漫不经心。常见的错误就是"随意引用"（handwaving reference），即作者仅告诉读者可以参阅"Smith 的重大贡献"（Smith's elegant contribution），而不告诉读者 Smith 到底做了什么贡献或 Smith 的贡献同当前论文的结论有什么联系。如果真有必要引用文献，就应该让读者知道为什么要引用这篇文献。

更糟的是，有些作者在论文中对文献作者出言不逊。绝对不可以这样写："Smith（2010）totally overlooked…［史密斯（2010）完全忽视了…］"或者"Smith（2010）ignored…［史密斯（2010）忽略了…］"；应该用公正而谦逊的口吻写为："Smith（2010）did not study…［史密斯（2010）没有研究…］"。

有些作者习惯于把所有文献引用都放在句子末尾，这样做是不对的。文献引用应该放在句子中合适的地方，而不论是在句首、句中还是句尾。Michaelson（1990）列举了这样一个例子：

We have examined a digital method of spread-spectrum modulation for multiple-access satellite communication and for digital mobile radiotelephony.[1,2]

如果我们把上面的句子修改一下，文献引用就会明显好很多：

We have examined a digital method of spread-spectrum modulation for use with Smith's development of multiple-access satellite communication[1] and with Brown's technique of digital mobile radiotelephony[2].

文献格式

各种期刊在引用参考文献的格式上有很大不同。有人查阅了52种科技期刊，发现这些期刊使用了33种不同的参考文献格式（O'Connor，1978）。有些期刊会给出所引用文献的全名，有些则不会；有些期刊要求论文给出所引用文献的页码范围，有些则只要求给出所引用文献的首页页码。

如果你使用的是电子文献管理系统，且该系统囊括了所有目标杂志的文献格式，那么你就可以不用过多地操心各种期刊之间文献格式的不同。如果是这样，你只需略读甚至跳过这一章有关引用和列出参考文献的内容。但是，如果偶尔会以传统的方式引用文献，我们建议最好还是通读本章。

不论是使用电子辅助工具还是其他手段，聪明的作者会搜集好所引用文献的所有相关内容，这样在撰写论文的时候就具备所有必要的信息。要对已有的信息做删减和编辑是很容易的；但要重新搜索二十多篇甚至更多的论文，用来将参考文献的题名和页码补齐，却非常费劲。即使知道欲投稿期刊通常采用精简的参考文献格式（比如，不给出题名），最好还是为所有引用的参考文献做完备的记录。这种做法可取是因为（1）当前选定的投稿期刊可能会拒绝录用该投稿，你可能会选择另投其他期刊，而该期刊的要求可能会比以前的投稿期刊更高；（2）很有可能在以后撰写科技论文、综述（大多综述类论文都要求完整的参考文献信息）或者书籍的时候会再用到这些参考文献。在向期刊投稿前，最好对照该期刊的《稿约》来检查论文的参考文献格式。如果投稿中参考文献格式与期刊要求的格式有很大出入，期刊编辑和审稿人有可能认为这份投稿是被其他的期刊拒稿后才转投过来的，也可能认为论文作者粗心大意，敷衍了事。

尽管有很多种参考文献引用格式，大多数期刊还是使用三种常用格式中的一种。这三种常用格式是：“著者姓名—出版年”（name and year）格式，“字母—数字”（alphabet—number）格式和“引用次序”（citation order）格式。

著者姓名—出版年格式

著者姓名—出版年格式，又称哈佛（Harvard）格式，已经流行多年，很多期刊和书籍都使用这种文献引用格式（包括本书在内）。社科类学科的文章也大多使用这种格式。这种格式的一大优点就是方便作者。因为参考文献不用编号，所以作者可以随时添加或删减参考文献。不管作者对参考文献书目做多少次修改，正文中引用文献的标注——如“Smith 和 Jones (2010)”——都不受影响。如果引用 Smith 和 Jones 在 2005 年发表的两篇论文，那么只要做简单变动即可，即第一篇标注为“Smith and Jones（2010a)”，第二篇标注为“Smith and Jones (2010b)”。这种格式的缺点是对读者和出版商不方便。当读者阅读论文时（特别是引言部分)，会发现一个段落甚至一个句子里大量引用参考文献，这导致读者经常要跳过多行引用文献的标注才能继续阅读下面的正文。接连引用几个参考文献会对读者阅读和理解论文造成一定干扰。对出版商来说这种格式的缺点很明显，就是增加印刷成本。如果“Chen，Hernandez，and Higginbotham（2010）”可用简单的引用文献标注“（7)”来代替，那么出版商就可以降低印刷成本。

由于一些论文的署名作者人数太多，很多采用著者姓名—出版年参考文献格式的期刊都采纳了“et al.”（等）的规则。这个规则是这样使用的：如果所引用的论文作者人数只有一到两位时，引用文献时就写出作者的姓名，如“Smith（2010）”或“Smith and Jones（2010）”；如果所引用的论文有三位作者，在第一次引用该论文时应该写出所有作者的姓名，如“Smith，Jones，和 Nguyen（2010）”，以后在文中再引用到该论文时就可简短地标注成“Smith et al. （2010）”；如果所引用的论文有四位或四位以上的作者，在第一次引用该论文时就应该用“Smith et al. （2010）”来标注。在参考文献部分，有些期刊要求把文献的所有作者都列出来（不管有多少名作者）；有些期刊仅将文献的前三位作者列出，并在之后注明“et al.”。对于按照“Uniform Requirements for Manuscripts Submitted to Biomedical Journals（《生物医学期刊投稿统一要求》）”（International Committee of Medical Journal Editors，2010）准备的论文，如果参考文献的作者人数超过六名，要将前六名作者姓名全都列出来，之后的作者一律用“et al.”指代。（United States National Library of Medicine，2009）。

字母—数字格式

这种格式是著者姓名—出版年格式的一种变体，它在论文正文中用数字来标注引用的文献，而数字是根据文献中的字母顺序编排出来的。使用这种文献引用格式可以降低出版费用。对论文作者来说，准备文献列表，特别是较长的列表时也会容易一些。对于读者，特别是对于图书管理人员来说，阅读和理解论文也很方便。

习惯了使用著者姓名—出版年格式的作者可能不会喜欢字母—数字格式，他们认为字母—数字的文献引用格式有欺骗读者的嫌疑，因为读者根本无法从一个表明顺序的数字看出被引用文献的作者和被引用文献发表的年份。而所引用文献的年份，比如是 1909 年还是 2009 年，对于读者的意义可能是完全不同的。

好在上述的不足有办法弥补。在论文正文中引用文献时，要多想想文献的作者名或文献发表的年份是否重要；如果不是那么重要（其实大多数情况正是如此），就可以直接使用数字来标注要引用的文献：“Pretyrosine is quantitatively converted to phenylalanine under these conditions (13).” 如果想注明所引用文献的作者名，可以将作者名加插在句子中：“The role of the carotid sinus in the regulation of respiration was discovered by Heymans (13).” 如果想注明所引用文献的发表年份，同样可以将年份加插在句子中：“Streptomycin was first used in the treatment of tuberculosis in 1945 (13).”

引用次序格式

引用次序（citation order）格式按照引用的文献在论文中出现的顺序来为文献编号。这种格式避免了像著者姓名—出版年格式那样浪费版面。读者在阅读论文正文时如果遇到引用文献，通常能很快在参考文献部分找到对应的文献。所以，读者一般都很喜欢这种引用文献的格式。如果论文篇幅较短，引用的参考文献较少，这种格式非常有用。如果论文篇幅较长以致论文中大量引用参考文献，这种格式就未必那么合适。这对作者来说不方便，因为如果要添加或删减参考文献，就要重新排列文献在论文正文中的引用次序；对读者来说也不好，因为参考文献是按在论文正文中引用的次序来排列的，这会导致几篇由同一作者发表的论文在参考文献部分被分隔开来。

本书第一版里提到字母—数字格式“看来正日渐盛行”（“seems to be slowly gaining ascendancy”），然而此后不久，Uniform Requirements for Manuscripts Submitted to BiomedicalJournals（《生物医学期刊投稿统一要求》）的第一版发行，提倡在生物医学期刊上采用引用次序的文献引用格式。这种“统一要求”（International Committee of Medical Journal Editors，2010）已经为好几百种生物医学期刊接受。所以现在还不好说到底是哪种文献引用格式正“日渐盛行”。《生物医学期刊投稿统一要求》在诸多方面都阐述得不错，所以很有影响力，它与美国国家标准协会（American National StandardInstitute）1977 年公布的一个标准有很多共同之处。不过在文献引用方面，其他引用格式也使用得很广泛。

文献题名和页码范围

在参考文献部分是否应该给出文献的题名呢？通常要遵守期刊的格式要求，如果目标期刊对参考文献的格式没有强制要求，最好还是给出完整的文献信息。指出文献题名，能帮助有兴趣的读者（和图书管理员）决定是否有必要去阅读论文引用过的文献。

在参考文献部分给出文献的页码范围（第一页页码和最后一页页码）能让读者知道引用的文献到底是 1 页长的短文还是 50 页长的评论性文章。参考文献的页数不同，读者或图书管理员为获得文献的副本所花的费用也将不同。

期刊缩写

尽管各种期刊格式不尽相同，但近年来各种期刊都在参考文献部分对文献所属期刊规定采用缩写形式。自 1969 年美国国家标准协会推出投稿标准以来，几乎所有主要期刊和文献索引服务都使用相同的缩写规则。以往，大多数的期刊都会缩写参考文献部分的期刊名（采用期刊缩写形式可以节省不少排版费用），但那时没有缩写方面的统一规则。像“Journal of the American Chemical Society”这样的期刊就有好几种缩写：“J. Amer. Chem. Soc.”，“Jour. Am. Chem. Soc.”、“J. A. C. S.”，等等。这些不同的缩写给读者和出版商都带来不少麻烦。而现在已有了统一的缩写规则：“Journal”缩写为“J.”（有些期刊把缩写后的小圆点也进一步省略掉）。只要熟知一些缩写规则，无须查阅其他缩写列表就能给出许多期刊，甚至包括不熟悉的期刊，的缩写。比如，所有以“ology”结尾的词都可缩写成以“l.”结尾（“Bacteriology”可缩写成“Bacteriol.”，“Physiology”可缩写成“Physiol.”。）所以，如果记住期刊名中常用的缩写规则，就可以很容易地用缩写给出大多数期刊的题名。这里有一个例外，如果期刊名只有一个词，那么就不要采用任何缩写（例如，Science 和 Biochemistry）。

附录 1 给出了很多期刊名常用词汇的缩写形式。如果不能确定期刊名称的缩写，可以参阅参考文献数据库，有关该期刊的一些信息以及以往对该期刊文献的引用等。生物医学及相关领域内很多期刊的缩写名都可以通过 PubMed 期刊数据库获得（www. ncbi. nlm. nih. gov/journals）。

不同参考文献格式的实例

为了让读者更好地理解三种文献引用格式，我们给出三个参考文献在三种不同文献引用格式下的表达方式。（在有些期刊里，这三个参考文献的表达方式可能略有出入，因为不同期刊在使用粗体和斜体时规则有所不同。）

著者姓名—出版年格式

Gastel B. 2005. Health writer's handbook. 2nd ed. Ames, IA: Blackwell Publishing.

Lazarus SC. 2010. Emergency treatment of asthma. N. Engl. J. Med. 363:755 –764.

Palenzuela C, Lehner L, and Liebling SL. 2010. Dual jets from binary black holes. Science 329:927 –930.

字母—数字格式

1. Gastel, B. 2005. Health writer's handbook. 2nd ed. Ames (IA): Blackwell Publishing.

2. Lazarus, S. C. 2010. Emergency treatment of asthma. N. Engl. J. Med. 363:755 –764.

3. Palenzuela, C., L. Lehner, and S. L. Liebling. 2010. Dual jets from binary black holes. Science 329:927 –930.

引用次序格式

1. Lazarus SC. Emergency treatment of asthma. N Engl J Med. 2010; 363:755 –64.

2. Palenzuela CL, Lehner L, Liebling SL. Dual jets from binary black holes. Science. 2010; 329:927 –30.

3. Gastel B. Health writer's handbook. 2nd ed. Ames (IA): Blackwell Publishing, 2005.

除了不是按首字母顺序来排列文献之外，引用次序格式对应的参考文献中还省略掉缩写后的句点（比如期刊名后的缩写句点），以及作者名首字母后的句点和作者形式之后的逗号。

电子文献处理系统

由于互联网的飞速发展，出现了越来越多适于引用的电子文献。现在有大量的科技论文发表在电子期刊上，或是同时以印刷版本和电子版本发行。此外，很多网上的科研报告、数据库及其他科技文章都可以作为参考文献被引用。

因此，引用电子文献应该遵守的格式也日渐发展起来。最近的格式指南和期刊的《稿约》中都会给出电子文献的编排格式。如果在论文中要引用电子文献，应先查阅目标期刊的《稿约》，其上可能直接给出电子文献编排格式，或者是告诉作者从哪里可以获得电子文献编排格式指南。此外，也可以查阅该刊上已发表的论文，参考这些论文对电子文献的引用格式。

引用文献时必须谨慎的另一个原因

准确的引用文献是一个合格研究者必备的素质。不管使用的是文献管理软件还是传统方法，都应确保在准确的地方引用准确的文献，每条引用的所有信息都应准确无误，且文献的内容应被准确地呈现。这种精确可以保证你的文章确实有助于读者。

实际地来说，不谨慎的引用可能使你冒犯审稿人。通常情况下，编辑挑选的审稿人（同行评审）中有些可能是你引用文献的作者。如果你的文献引用部分未能准确地列出他们的文章，或者你的文章未能如实反映他们研究的结果和结论，他们很可能会质疑你是否是一名合格的研究者。

所以，对待文献引用部分应像对待论文的其他部分一样一丝不苟。努力终会获得回报。

（王中立　译　林东涛　校）

第三部分

准 备 图 表

第 16 章　如何有效设计表格

表格对数据的精炼表达使之成为科技论文的灵魂。

——Peter Morgan（彼得·摩根，英国编剧、诗人）

何时运用表格

在讨论“如何制作”表格之前，我们来探讨一下“是否需要”表格的问题。

一般来说，除非必须展示重复性的数据，我们都不盲目使用表格。这个原则原因有二：首先，科研论文不是实验数据的简单罗列，真正需要的是样本数据和关键数据。其次，表格的发表成本比文字高，而科研论文写作与发表也需要考虑成本。

如果实验结果只得出（或只需要展示）几个有限的数据，建议用简单的文字表达。表 16.1 和表 16.2 就属于典型的无用图表。

表 16.1 Effect of aeration on growth of *Streptomyces* coelicolor

Temp (℃)	No. of expt	Aeration of growth medium	Growth[a]
24	5	+[b]	78
24	5	–	0

[a] As determined by optical density (Klett units).

[b] Symbols: +, 500 – ml Erlenmeyer flasks were aerated by having a graduate student blow into the bottles for 15 min out of each hour; –, identical test conditions, except that the aeration was provided by an elderly professor.

表 16.2 Effect of temperature on growth of oak (*Quercus*) seedlings[a]

Temp (℃)	Growth in 48 h (mm)
–50	0
–40	0
–30	0
–20	0
–10	0
0	0
10	0
20	7
30	8
40	1
50	0
60	0
70	0
80	0
90	0
100	0

[a] Each individual seedling was maintained in an individual round pot, 10 cm in diameter and 100 cm high, in a rich growth medium containing 50% Michigan peat and 50% dried horse manure. Actually, it wasn't "50% Michigan"; the peat was 100% "Michigan," all of it coming from that state. And the manure wasn't half-dried (50%); it was all dried. And, come to think about it, I should have said "50% dried manure (horse)"; I didn't dry the horse at all.

表16.1的错误在于其中两栏都是固定条件，既非变量亦非数据。如果温度是实验中的一个变量就可以单独列出一栏。但如果所有实验都在同一温度下完成，这一条件只需要在材料与方法部分加以说明，或者以脚注的方式出现在表格中，而不能单独占表格中的一列。事实上表1的数据完全不需要占用表格空间，可以简单地以文字的方式说明："培养基通风对于链霉菌的生长至关重要。在室温（24℃）下静止（无通风）培养中链霉菌没有生长迹象，而在振动培养条件下有明显生长（OD，78 Klett单位）"。

表16.2表面上看起来各栏目数据各不相同，似乎是个好表格。但实际上呢？自变量（温度）那一列看起来很合理，但因变量（生长值）为零的情况太多。读者对于任何表格中出现大量的零或百分之百这样的数据都会加以质疑。因此表16.2仍是一个无用表格，因为它所包含的信息就是简单的"橡树苗在20℃到40℃之间能生长；低于20℃或高于40℃都不能生长"。

除了零和100这样的数据，加减号（正负号）的使用也需要特别注意。表16.3是经常出现在发表论文中的表格，其实并没有什么有效内容。这个表格也仅仅是告诉读者"*S. griseus*、*S. coelicolor*、*S. everycolor* 以及 *S. rainbowenski* 需在有氧环境下生长，而 *S. nocolor* 和 *S. greenicus* 则要求厌氧环境。"作者需要遵循的原则是只要能用简单的文字概括的表格都不需要做成表格，而应该用简洁的文字来表达。

有些作者认为所有的数字数据都必须放进表格里。表16.4就是这样一个悲哀的例子。特别是当读者不幸看到表格脚注中说明了结果根本不具有统计学意义（$P=0.21$）的时候，这个表格就显得更悲哀了。如果这些数据有发表价值（现在看来很值得怀疑），也只需要一句话就能表达这个结果："Nocillin 失败率14%（5/35），与青霉素V钾失败率26%（9/34）之间无显著性差异（$P=0.21$）"。

表 16. 3 Oxygen requirement of various species of *Streptomyces*

Organism	Growth under aerobic conditions[a]	Growth under anaerobic conditions
Streptomyces griseus	+	–
S. coelicolor	+	–
S. nocolor	–	+
S. everycolor	+	–
S. greenicus	–	+
S. rainbowensky	+	–

[a] See Table 1 for explanation of symbols. In this experiment, the cultures were aerated by a shaking machine (New Brunswick Shaking Co., Scientific, NJ).

表 16. 4 Bacteriological failure rates

Nocillin	K Penicillin
5/35 (14)[a]	9/34 (26)

[a] Results expressed as number of failures/total, which is then converted to a percentage (within parentheses). $P = 0.21$.

在报告数据结果时，应该只给出有意义的数据。无统计学意义的数据可能只是作者为了显示力求精确的态度，结果会误导读者，同时也使读者更难以通过数据间比较而获取信息。不必要的数据，比如实验编号、简单计算结果以及不重要的数据列，都不应该出现在表格中。

另一种常见的无用表格是如表 16. 5 所示的文字列表。这种纯文字形成的表格可能适合幻灯片演示，但对于科研论文而言并不适用。这种信息可以很方便地用文字表达清楚。优秀的编辑会建议去掉这种表格，而把相应数据整合到文字中去。然而当编辑这么做的时候（此时也关系到我们下一条关于表格的规则），却通常会发现其实这些数据绝大部分甚至全部都已经在正文中表述过了。必须谨记的是：数据在论文中只能出现在一处，或者正文，或者表格，或者图中，而不是重复出现。当然一些重要数据可以在正文中加以讨论。

表 16.5　Adverse effects of nicklecillin in 24 adult patients

No. of patients	Side effect
14	Diarrhea
5	Eosinophilia（≥5 eos/mm^3）
2	Metallic taste[a]
1	Yeast vaginitis[b]
1	Mild rise in urea nitrogen
1	Hematuria（8-10 rbc/hpf）

[a] Both of the patients who tasted metallic worked in a zinc mine. [b] The infecting organism was a rare strain of *Candida albicans* that causes vaginitis in yeasts but not in humans.

表 16.1 至表 16.5 都是不适合列表的情况。下面我们看看哪些信息适合用表格表达。

如何编排表格

决定制作表格后必须问自己一个问题："我怎样安排这些数据？"因为一个表格同时有左右和上下两个维度，因此出现有两种选择：数据可以水平或者纵向排列。然而"可以"并不等于"应该"；数据排列的原则是同类数据应该纵向排列，方便进行上下比对，而不是横向排列。

请看表 16.6 和表 16.7，内容完全一致，只是表 16.6 的同类数据横向排列，而在表 16.7 中纵向排列。相比之下表 16.7 的格式更适合发表，读者能很容易抓住信息，表格容量紧凑，印制成本低。表格制作中最重要的原则是方便读者理解。(你有没有自己试过把横向列出的数据相加?）至于降低印制费用，我们看到因为数据的多样性，如果横向排列，则所有单元格都既宽且深，而纵向排列可以缩小宽度（特别数字列）使之不超出排版篇幅。因此尽管两个表内容完全相同，但表 16.7 显得比表 16.6 小。

表 16.6　Characteristics of antibiotic – producing Streptomyces

Determination	*S. fluoricolor*	*S. griseus*	*S. coelicolor*	*S. nocolor*
Optimal growth temp (℃)	–10	24	28	92
Color of mycelium	Tan	Gray	Red	Purple
Antibiotic produced	Fluoricillinmycin	Streptomycin	Rholmondelay[a]	Nomycin
Yield of antibiotic (mg/ml)	4, 108	78	2	0

[a] Pronounced “Rumley” by the British.

表 16.7　Characteristics of antibiotic-producing *Streptomyces*

Organism	Optimal growth temp (℃)	Color of mycelium	Antibiotic produced	Yield of antibiotic (mg/ml)
S. fluoricolor	–10	Tan	Fluoricillinmycin	4, 108
S. griseus	24	Gray	Streptomycin	78
S. coelicolor	28	Red	Rholmondelay[a]	2
S. nocolor	92	Purple	Nomycin	0

[a] Where the flying fishes play.

通常表格中的文字左对齐排列，数字则右对齐或者小数点对齐排列。表 16.7 很好地贯彻了这一原则。

表 16.8 是表格编制的范例（《细菌学杂志》"稿约"，授权翻印）。首先它的排列方式是纵向而非横向。标题清楚，使得读者能脱离正文轻松理解表格含义。该表格带有脚注，但并没有过度重复实验细节。值得注意的是，虽然表格中应该包含足够的实验信息，以使数据含义能不需要参考正文内容得以理解，但不应该涉及具体的实验细节。具体得出数据的实验方法应该在"材料与方法"部分以文字的方式陈述。

表 16.8　Induction of creatinine deaminase in Clostridium sp. strains XP32 and XP56

N source[a]	*Clostridium* sp. strain XP32		*Clostridium* sp. strain XP56	
	Total enzyme[b]	Sp act (U/mg of protein)	Total enzyme	Sp act (U/mg of protein)
Ammonia	0.58	0.32	0.50	0.28
Glutamic acid	5.36	1.48	2.18	0.61
Aspartic acid	2.72	0.15	1.47	0.06
Arginine	3.58	2.18	3.38	2.19
Creatinine	97.30	58.40	104.00	58.30

引自《细菌学杂志》"稿约"，Journal of Bacteriology，2010，192（1）：1－20. 由美国微生物学会授权复制。

[a] The inoculum was grown in glucose broth with ammonium sulfate, washed twice, and then transferred into the media with the N sources listed above.

[b] Enzyme units in cell extract obtained from ca. 1010 cells.

注意以上表格都是三条横线（三线表），没有纵线。偶尔会出现"横跨线"（例如表 8 里"sp. Strain XP32"和"sp. Strain XP56"下的横线条）。通常表格都不会使用纵线。

表头中的指数形式

如果可能，尽量避免让表头中出现指数。在指示同一个概念的时候，有的期刊使用正指数，有的则用负指数，因此容易造成意义上的混淆。例如每分钟千次计数，一些期刊用“$cpm \times 10^3$”，而另外一些却写成“$cpm \times 10^{-3}$”。如果在表头或者图头中不能避免这种指数形式，则最好在脚注或图例中用文字说明清楚以消除歧义。

遵循期刊要求

一般期刊的《稿约》都会包含关于表格的要求。在制作表格前，注意仔细阅读目标刊物的《稿约》，会有相关内容规定表格大小，脚注所用符号或字体格式，以及制作表格所用的电子工具。制作表格时也可以参考目标刊物已发表论文的表格来设计。

一般期刊都会要求作者把每个表格单独一页放在稿件末尾。也有一些期刊要求在正文中第一次引用表格处的页边标注，如在页边写上“表 3”并打圈。这种做法能确保作者确实按编号顺序引用了每个表格。同时也可以在页面制作阶段提醒排版工在文本何处插入表格。也有一些期刊要求作者在第一次使用表格的文本附近把表格嵌入正文。要知道究竟表格应该分别插入文本或是统一列在正文末尾（并指明其引用位置），请仔细阅读目标期刊的《稿约》。

表题、脚注及缩写

表格标题（或者图例）就像文章本身的标题一样，应该简洁不冗赘，尽量省略掉不必要的单词。

表格的脚注需要加以注意，如果必须定义缩写，则可以在第一个表格中完成全部或绝大部分缩写的解释。其余表格可以加一条简单脚注："缩写同表 1"。

本章表 16.1、16.2、16.6 和 16.7 中"温度"都使用缩写"temp"。由于表格空间限制，几乎所有期刊都鼓励在表格中使用缩写，而在正文中则用全称。作为表头第一个单词的缩写也要首字母大写；不需要在缩写后加句点（"no."除外，因为如果不用这个句点很容易误读）。可以参考目标期刊已发表的论文了解它所接受的表格中缩写形式。此外，一些期刊也在《稿约》中列出不需要特别定义的缩写形式。

友情提示

关于有效制作和使用表格的提示：

使用意义明确、不需要参考正文内容的单词，例如，表格内各组不应该简单命名为"第一组""第二组"，而应该有更明确的含义（如"高剂量组"和"低剂量组"，"快眼动睡眠组"和"非快眼动睡眠组"，"研究生组"和"教授组"）

（熊　婉　译　林东涛　校）

第17章　如何制作有效的图形

好的插图可以帮助科学家的陈述被听众听懂以及文章被读者理解，帮助科学家彼此分享信息，帮助说服拨款机构资助研究项目，帮助老师向学生传授知识，帮助公众理解科学研究的价值。

——Marg Helen Briscoe（玛丽·海伦·布里斯科，美国科研论文插图专家）

什么时候不要使用图形

在前面的章节，我们提到某些类型的数据不能制成表格。这些数据也不应转变成图形，因为从本质上说，图形其实就是形象化的表格。

究其原因，某些类型的数据，尤其是较为稀少的数据或者简单重复的数据，不需要全部汇集到一个表格或者图形中，毕竟制作和印刷图表既耗时又昂贵。因此只有在你认为数据图表化后确实有助于读者的理解时才考虑这样做。

这一点需要反复强调，因为许多作者，尤其是那些新手以为表格或图形或多或少增加了数据的重要性。结果，为了追求可信性，他们往往会将某些数据转化成看起来很炫的图形或表格。千万不要这样做！因为这糊弄不了经验丰富的同行，也糊弄不了绝大多数的期刊编辑。他们很快就能判断出你图中的四条曲线有三条都是标准情况，而第四条曲线的含义可以简单用一两句话表述清楚。矫饰科学数据的企图往往注定要失败。

如果计划的图形中只有一条曲线，你能用文字而不是图来加以描述吗？或许其中只有一个数值特别重要，如最大值或者最小值，而其余的数据都只不过是包装。例如，你确定某一特定反应的最优 pH 值为8.1，那么一句“在 pH8.1 时获得最大反应量”或许就足够了。如果你确定某个生物体的最大生长发生在37℃，一句简单的陈述比表达同样意思的一个图表要更经济、更科学。

如果不是在图形与文字而是图形与表格之间选择，你的选择可能取决于你到底希望向读者展示确切的数值还是仅仅通过一个图来表现数据的趋势或形状。在极少数情况下，可能需要既用表格又用图形来展示数据，表格先展示具体的数值，然后用图形来显示表格中不容易看得出来的趋势。（这种处理方法在物理学中似乎较为常见。）绝大部分编辑都反对这种显而易见的重复，除非这样做的理由很充分。

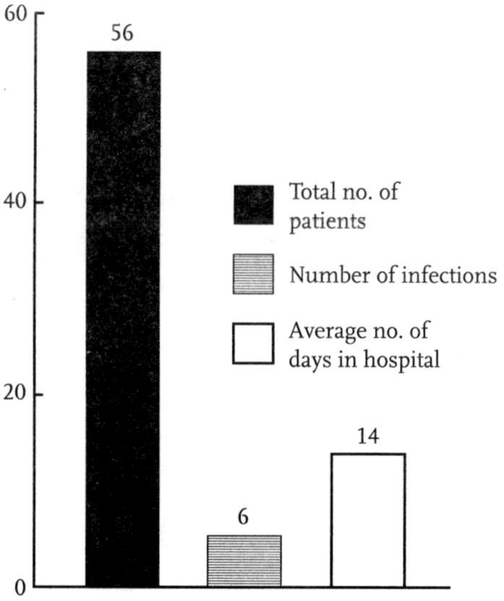

图 17-1 Incidence of hospital-acquired infections.

图 17.1 就是一

个不必要的柱状图，它可以用一句话来代替："平均入院 14 天的 56 位测试组患者中 6 位被感染。"那么到底什么时候需要使用图形呢？这没有明确的原则，不过让我们先来看看合理使用图形的一些特征吧。

什么时候使用图形

作为一种有序展示数据的方法，图形与表格很相似。事实上，很多实验结果既可以用表格，又可以用图形加以展示。那么如何决定哪一种方式更好呢？这往往令人犯难。基本原则应该是：如果数据显示出明显的趋势，做成图形能吸引人，那就用图形。如果只是干巴巴的数据，没有什么明显的、激动人心的趋势，那么表格就较为合适（而且它可能制作起来更简单经济）。在表述**确切**数值时，表格也比图形更有效。

现在来看表 17.1 与图 17.2，两者记录的数据一模一样。在出版时两种形式都可以接受，但是图 17.2 显然要比表 17.1 好。在这个图形中，两种药物结合使用的增效作用一目了然。因此，读者可以迅速把握数据的重要性。此外，从图形中还可以看出链霉素比异烟肼效果更好，尽管其作用相对较缓慢。这样的结果从表格中不是那么容易看得出来。

表 17.1 Effect of streptomycin, isoniazid, and streptomycin plus isoniazid on *Mycobacterium tuberculosis*[a]

Treatment[b]	Percentage of negative cultures at:			
	2 wk	4 wk	6 wk	8 wk
Streptomycin	5	10	15	20
Isoniazid	8	12	15	15
Streptomycin + isoniazid	30	60	80	100

[a] The patient population, now somewhat less so, was described in a preceding paper (61).
[b] Highest quality available from our supplier (Town Pharmacy, Podunk, IA).

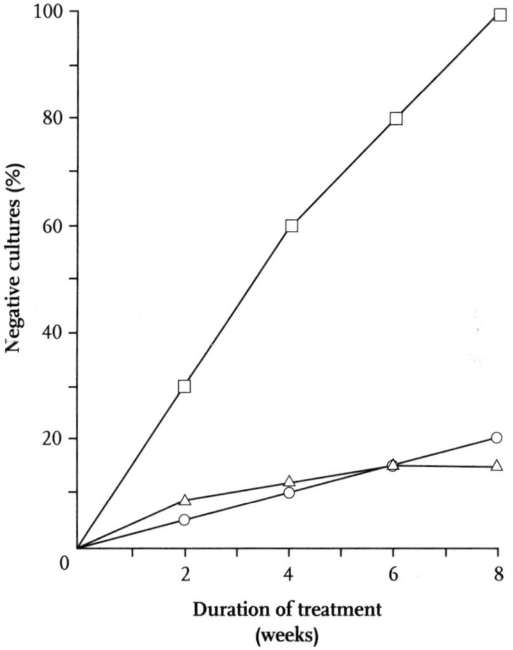

图 17-2 Effect of streptomycin (○), isoniazid (Δ), and streptomycin plus isoniazid (□) on Mycobacterium tuberculosis.

如何制作图形

本书的早期版本详尽阐述了制作图形时使用的纸张、墨汁、字体等。人们曾经世代利用这些材料和技艺来制作图形。

今天，计算机已经使我们生活的世界发生了翻天覆地的变化。然而，制作好图的原则没有改变。例如，字体与符号的大小必须选择合适，以便期刊最终出版出来的图形清晰、易读。

字体的大小必须考虑到出版过程中出现的图形缩小的情况。如果你要把两个或更多的图形放在一张插图里，这一点就尤为重要。记住：在大的电脑屏幕上很容易阅读的文字可能在缩小到期刊栏目大小时变得很难辨认。

每张图形都应该尽可能简洁。“制作插图过程中最常见的灾难就是在一个图形中包含太多的信息，因为一个插图中信息过多会让读者感到困惑，不想继续看下去”（布里斯科 1996）。

图 17.3 是一张不错的图形。字体足够大，很容易阅读。它用一个框包围起来，而不是像图 17.2 那样只有两边，这样就更容易估算右手边图形中数值的大小。刻度向内而不是向外标记。

如果你的文章中需要将两个或多个图形放在一起以突出其中的含义，考虑将他们组合在一张插图中。为了最大化可读性，将图形上下叠放而不是左右平放。例如，在一个版面为两栏的期刊中，将三张图形“上下”安排使得每个图形占据一到两栏。如果并排放置这些图形，每个图形平均只能占据三分之一的页面宽度。

无论你是否将图形组合在一起，你都必须保持图形间的一致性。例如，在比较不同的干预措施时，同样的干预始终用同样的符号来表示。另外在图形设计的其他方面也要保持一致，无论是在概念上和审美上，你文章中所有的图形都应该像一个

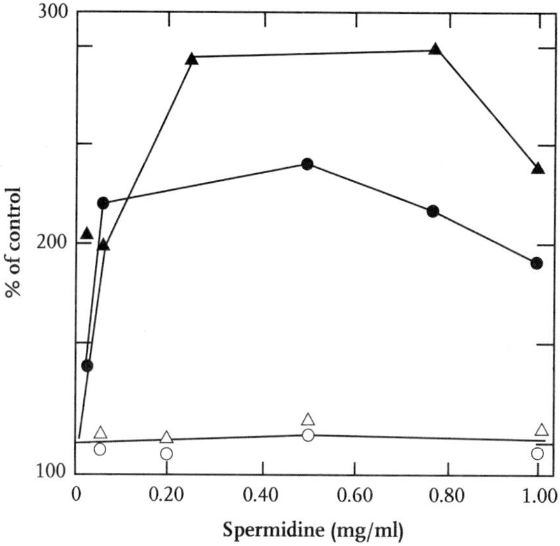

图 17-3　Effect of streptomycin（○），isoniazid（Δ），and streptomycin plus isoniazid（□）on Mycobacterium tuberculosis.

整体。

不要将纵坐标与横坐标（或者说明文字）延伸到图形需要的范围之外。例如，你的数据点位于 0 ~ 78 之间，你最高的刻度标注数应该是80。或许你想将其延伸到100，一个看起来不错的整数。如果数据点是百分数，这样的冲动尤其难以克服，因为百分数的范围通常都是 0 ~ 100。不过，你必须克服这种强烈的愿望，否则你的图形中就有一部分是空的。更糟糕的是，图形中有内容的那部分还会因此而受到压缩，因为你空白的部分浪费了大约百分之二十左右的宽度或高度。

在刚才的例子中（数据点从 0 ~ 78），你的参考数值应该是

0、20、40、60 和 80。在每个上述数字旁标出短刻度线（index lines），在这些数值中间的整数（10、30、50、70）位置也应标出短刻度线。显然，0 ~ 20 之间的参考短线（reference stub line）只能是 10。因此，你不需要写出这些 10，30，50 和 70。这样你就可以用较大的字体写出 20，40，60 和 80。而不需要压缩。用这种办法，你可以使图形显得简洁有效而不是拥挤和混乱。

符号与说明

如果图形本身有空间，利用这些空间来表述图例（key）。在柱状图（图 17.1）中，条柱的底纹可能很难在说明中加以定义；把它们做成图例，就不需要进一步定义了（同时也避免了所有额外的排字、校对以及费用）。

如果你一定要在说明中定义符号，最好只使用那些公认的、广泛使用的标准符号。最标准的符号可能就是空心和实心圆形、三角形以及正方形（○，Δ，□，●，▲，■）。如果只有一条曲线，用空心圆作为参考点，用空心三角为第二点，空心正方形为第三点，实心圆为第四点，以此类推。如果这些符号还不够，那很可能是因为在一张图形中放了太多的曲线，你应该考虑将这个图形一分为二。此外也可以使用不同类型的连线（实线、虚线）。

但千万不要同时使用不同类型的连线和不同的符号。至于说明，它们通常应该单独放在另一页上，而不是放在插图的底端和顶端，这主要是因为这两个部分往往在期刊制作过程中分别处理。有关这一点以及图形的其他要求请参考目标期刊的《稿约》。

友情提示

设计图形与设计表格一样，要让它们能够独立于文章。例如，用有意义的名称（而不仅仅是数字）来识别图形群。在读者最想看到的地方提及每一图形。不要让读者自己在餐巾纸上画草图来形象化你的研究发现，结果此后再翻了三页却发现有这么一张图。

用图形客观准确地描述研究结果。例如，不要调整坐标上的刻度来人为地让结果显得比原本更显著。除极个别情况外，不要用“0”以外的任何数字开始刻度。如果需要打断刻度线来浓缩图形，一定要让中断的部分容易识别。此外，如果数据的变化适合用标准差来显示，就不要用平均数标准误差来替代，因为后者会让数据看起来比本身更一致。需要注意的是，某些期刊（尤其是规模较大和财大气粗的期刊）有时会重新绘制图形以及其他类型的插图以便符合他们自己的风格。不管你投递的期刊会不会这样做，你都需要好好准备你的图形。这样既有助于清楚表达研究结果及其意义，同时也显示出你对待自己文章的认真态度。

（蔡和兵　译　林东涛　校）

第 18 章 如何制作有效的照片

生活并非总是闪光灯下永久定格的精彩瞬间，但照片是。

——Susan Sontag（苏珊·桑塔格，美国女作家）

照片和显微照片

如果论文里需要使用一幅或多幅照片，就需要考虑以下因素。

首先应考虑照片在文章中的价值。有些图表毫无用处，完全没有必要刊出；而有些图表的重要性甚至超越了正文本身。比如，在许多关于细胞超微结构的研究中，论文的意义就完全体现在照片上。正如第 6 章所述，如果照片（如电子显微照片等）对论文意义重大，应该选择印制质量高的期刊投稿。

正如制图一样，制作照片时也要根据目标期刊的栏宽和页宽来设置照片大小（尤其是照片的宽度）。应尽量避免因照片大小不当，导致需要大幅裁剪后才适合在目标期刊使用。

提交格式

从前，期刊会要求作者提交光面照片。不过，现在期刊一般要求作者提交照片的电子版即可。要确定期刊对照片的要求，作者应查阅目标期刊的《稿约》。例如，《稿约》一般会说明照片的格式要求（JPEG 或 TIFF）及分辨率。正如第 5 章所述，作者应避免对数字照片作出不正当的处理。相关指导意见可参阅《Science and Engineering Ethics》杂志刊登的一篇文章（Cromey 2010）。

裁　剪

无论照片质量如何，作者总是希望可以很清楚地印刷出照片。作者在一定程度上对照片的出版过程进行质量监控。

如果担心照片在缩小过多的情况下导致其中的细节丢失，那么可以考虑以下的几个方法：由于通常很少需要整张照片，所以可以在投稿前把照片的四个角裁掉，仅保留照片中的重要部分。通常采用数字技术剪裁照片。如果投稿时递交的是冲洗出来的照片，可以在照片的边缘部分勾勒出须裁剪的区域。图 18.1 和图 18.2 给出了两幅照片裁剪前后的对比。

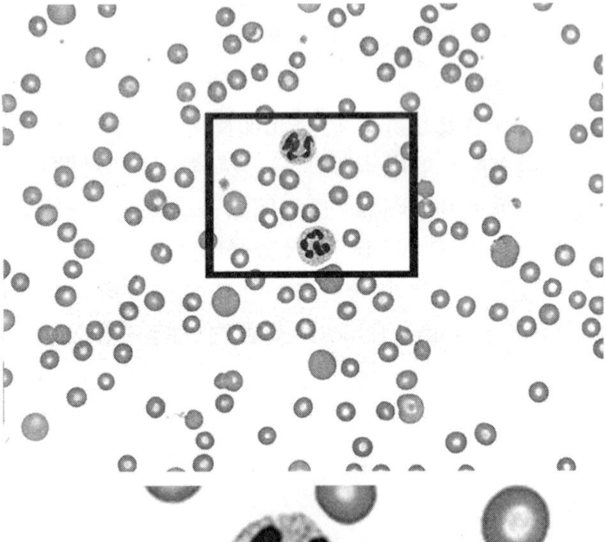

图 18.1 经裁剪（上）和未经裁剪的照片
（照片来源：德克萨斯州农工大学兽医学和生物医学学院媒体中心）

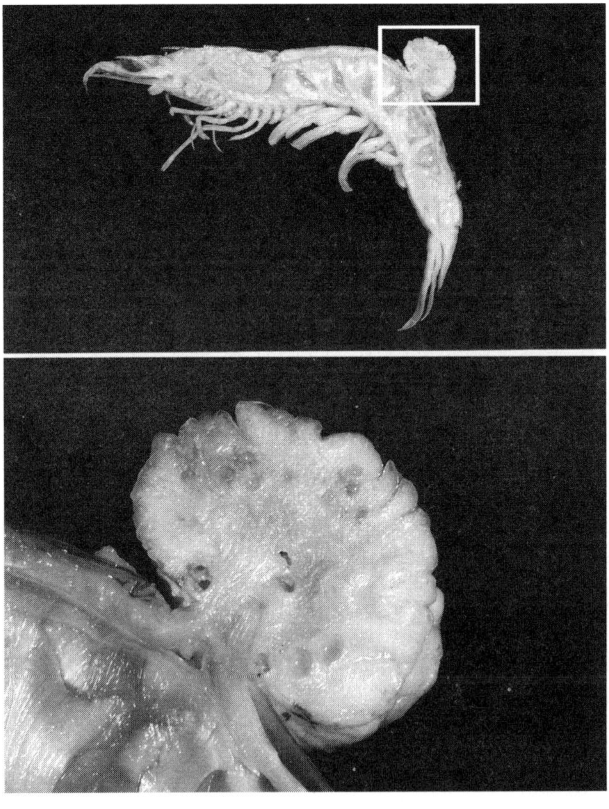

图 18.2 经裁剪（上）和未经裁剪的照片。在这个病例中，可能有必要同时刊出这两幅照片，以便展示该肿瘤所处位置和细节

（照片来源：德克萨斯州农工大学兽医学和生物医学学院媒体中心）

必要的关键词与指引

如果不能把照片裁减到只包括重要部分的尺寸，可以考虑像 图 18.3 所示，在照片上添加箭头或字母。由此，既可以将读者的注意力吸引到照片的重要部分，又方便添加有意义的图例。

如果投稿时递交的是冲洗出来的照片，要记得在照片背面上侧用软性铅笔标上“top”（上），否则，一些上下不易分辨的照片有可能被倒置或侧放。如果照片能以形意方向排版，最好是将“top”标注在较窄的一侧，这样，排版时如需裁剪照片以适应一栏或一页的宽度时不会将照片缩小得太多。

除非目标期刊明确要求照片和其他插图等置于稿件正文内，否则最好还是在正文文字中首次引用照片、表和图的地方进行标注。这样，既可以保证所有图片都在正文中按顺序引用，又方便排版人员将这些图片放置在论文里距初次引用最近的地方。

对于电子显微照片，可以在照片上直接放置一个千分尺标记。这样，无论印刷过程中的缩小（或放大）倍数为多少，读者还是能清楚知道照片中实物的尺寸。期刊大都不建议作者在照片说明中声明放大倍数（例如 ×50, 000），有些期刊甚至不再允许作者做此声明，因为照片尺寸在印刷过程很可能被再次缩放；同时，作者在通读校样时通常也会忘记对放大倍数做相应修改。

在某些照片中，物体的体积非常重要，可能也需要设置一个比例尺。有时也可在物体旁放置一个大小相似的物品（如纸夹），从而帮助读者认知该物体的体积。不过，某些物体（如大小固定的硬币）虽然为本国的读者所熟知，但可能会误导他国的读者。

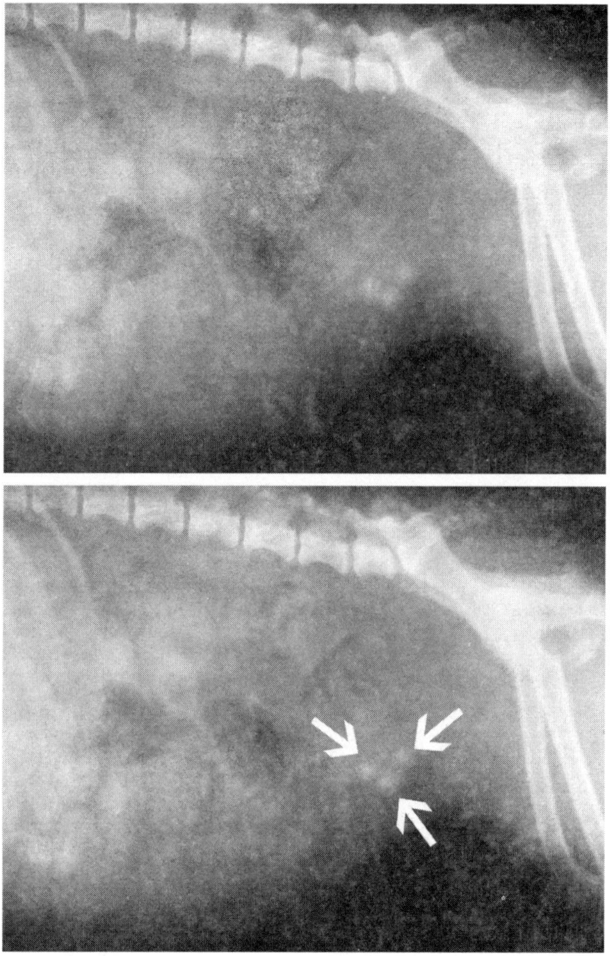

图 18.3　增加箭头，引导读者的读图注意力

（照片来源：德克萨斯州农工大学兽医学和生物医学学院媒体中心）

彩色照片

以往的期刊很少刊登彩色照片或其他彩图，因为印制彩色图片的成本很高。不过，现在彩色图片越来越普遍，很多领域和期刊都能刊登彩色图片。如果投稿时拟递交彩色插图，要考虑使用彩色插图是否对文章有所帮助：彩色插图对于内容表述有无好处？或者，彩色插图仅是一种点缀，甚至会造成干扰？

如拟在论文中使用彩色插图，要查阅目标期刊的《稿约》，了解该刊对彩色插图的相关要求及收费情况。如果期刊可以印制彩色插图，一般需要由作者承担相关费用。不过，也有些期刊不收取此项费用。例如，《Journal of the American Chemical Society》在其《稿约》中称："色彩的使用有助于增强复杂结构、图片、光谱、示意图等的清晰度。本刊不向作者收取印制彩图所需费用。"

线　图

在某些领域（如描述生物学），线图在展示细节方面要优于照片。线图在医学领域（尤其是解剖图）的应用也相当普遍，而且实际上它已成为一种艺术形式。通常在论文中需要使用线图时，应找专业线图制作人员帮忙。许多大学和研究机构都有专业的线图制作人员，并可通过相关专业协会取得联系。

（陈　姜　译　顾良军　校）

第四部分

发表论文

第19章　著作权与许可

剥夺作家的著作权，无异于剥夺作家的写作和生存权利。

——Anthony Trollope（安东尼·特罗洛普，英国作家）

何谓著作权？

在向期刊投稿前，要了解有关著作权（又称“版权”）的两个事项。第一，当论文中使用了已在他处发表的插图或其他材料时，除非作者本人持有这些材料的著作权，否则必须获得复制这些材料的许可。第二，作者通常需要将论文著作权让渡给目标期刊（对某些期刊而言，作者可保留著作权，但让渡部分权利给期刊）。

著作权是复制、出版、销售文学或艺术作品的专有法定权利。（在这里，“文学和艺术”是泛指，包括科技论文）。著作权保护的是作品的原始表达形式，而不是作品所表达的思想。科技论文中的数据并不受著作权保护；但是，科技工作中采用的搜集数据和展示数据的方法可以受到著作权保护。只要论文内容不是职务作品或委托作品，作者生前以及逝后50年里可持有该论文的著作权。如果有多名作者参与论文工作，所有作者集体拥有论文著作权，并且每名作者拥有平等的权利。

著作权是可拆分的。著作权持有人可授予某人复制论文的非专有权利，同时可授权他人基于著作权论文开展衍生工作。著作权也可以转让。转让著作权时需要有著作权持有人的书面同意。单位/雇主可能将著作权转让给原始工作的负责人。如果要复制、重印或者再次发表受著作权保护的材料，就应该获得著作权持有人的许可。如果论文作者将论文工作的所有著作权移交给某一出版商，那么论文作者以后要使用该论文工作中的材料时，还应获得出版商的许可。

根据美国1976年《著作权法》的规定，合理使用受著作权保护的材料是合法的。该法允许作者复制或发布受著作权保护的材料的一小部分内容，但不允许在未经著作权持有人许可的情况下复制和发布受著作权保护的材料的全文，无论此种行为是否系营利性行为。

著作权相关问题

再次发表他人作品中的材料时应经得著作权持有人的许可，相关法理理由可参见著作权法。如果某家期刊受著作权保护（当今大多数期刊都受著作权保护），那么这家期刊上已发表论文的法定所有人就是著作权持有人。所以，再次发表该期刊已发表论文中的材料时，应征得著作权持有人的同意，否则有侵权之嫌。

出版商持有著作权，意义在于出版商可依法保护自身权利和论文作者的权利，以免他人未经许可就使用期刊上已发表论文的内容。因此，出版商及期刊论文的作者能得到法律保护，以防止他人剽窃或不当使用已发表的数据，或是出于广告等目的在未经授权的情况下复制论文中的材料，或以其他任何形式不当使用论文中的材料。

美国 1909 年《著作权转让法》规定，作者向期刊投稿的同时被认定为作者将其对论文的所有权转让给该期刊（出版商）。一旦文章在该期刊中刊出，并注明著作权归属，兼以文件归档和支付版权登记费用，每一期期刊所刊载论文的著作权即由作者有效转让至期刊出版商。

美国 1976 年《著作权法》则规定，著作权的转让并不能自动生效，而必须以书面形式明示。如作者未签署著作权转让书，出版商只有在期刊上刊登其论文的权利，而无权制作抽印本、影印、制作电子版，也无权授权或者阻止他人采取上述措施。此外，美国 1976 年《著作权法》指出，对作品著作权的保护“从笔离开纸的那一刻开始”（今天在电脑时代，可以说著作权保护“从手指离开键盘的那一刻开始”）。显然，著作权法将作者的知识产权同出版过程区分开来。

因此，大多数出版商都要求作者在投稿时或在稿件被录用时签署著作权转让声明。出版商通常会在其网站上为投稿的作者提供“著作权转让表”（Copyright Transfer Form）供作者使用。

美国 1976 年《著作权法》还提到了影印问题。一方面，论文作者希望自己的论文能广泛发行；另一方面，他们又不希望花费出版商过多的费用。为解决这些利益冲突，1976 年的《著作权法》指出，出于图书馆藏书和教育目的，可以“合理使用”受著作权保护的期刊，也就是说可以在未征得允许或未支付版税的情况下复印期刊上的论文，但同时禁止不经出版商授权而大规模复印期刊论文。

为方便出版商授权相关单位和个人大规模复印期刊论文和

向被授权人收缴版税，著作权清算中心（Copyright Clearance Center，www. copyright. com）应运而生。大多数具备相当规模的出版商都是该中心的成员。出版商在该中心的网站公布自己的版税收费标准；任何人只要向该中心支付相应的论文版税费用，就可以无需经得出版商同意，即可按需获取论文副本。由此，用户只需跟一个机构（即著作权清算中心）打交道，而不须向上千家出版商联系以获得许可和支付版税。

由于科研伦理和著作权问题都非常重要，每位科研人员都应对其有清醒认识。切记，只有经著作权持有人的许可后，你才能使用已发表的表格、图片或大段文字。此外，即便在获得许可使用这些材料时，还要在旁边注明："Reprinted with permission from（journal or book reference）；copyright（year）by（owner of copyright）."通常，期刊或其他出版单位的网站会声明如何获得使用许可。如果网站没有提供相应信息，应直接联系该期刊或出版单位的编辑部。

著作权与电子出版

过去，期刊和书籍均是（论文的）法定载体。在数字时代，作品则以一种更复杂的形式存在。现在的论文不仅包括文本，还包括程序代码和数据库访问信息等；而且程序和数据库通常是由论文作者以外的其他人员（常不只一人）开发的。所有与著作权相关的法律、法规均适用于电子文档（包括在因特网上公布的材料）。对于公布在因特网上的作者，除非其作者或著作权持有人特别注明该文档归属于公共领域，一般都受著作权法保护，任何人未经许可不得复制。虽然作者并不一定需要对在因特网上公布的材料加注著作权声明，但这样做还是能起到警告作用，以免他人未经许可擅自使用这些材料。此类著作权声明其实只要在作品题名旁边注明“版权所有”（Copyright）、发布日期、作者/著作权所有人姓名即可。如：“Copyright 2010 by Magon Thompson（or Sundown Press）.”

电子时代为著作权转让提供了一些替代方式；特别是许可证的使用。比如，创作共用（Creative Commons，CC）组织（creativecommons. org）就制做了一些许可证，授予他人有限的权力以使用其作品。一些开放获取（open access）期刊常采用这种特许方式，这样作者仍持有论文的著作权，同时也允许他人复制论文内容，但前提是他人复制时必须注明复制部分的原作者是谁。如果作者同意在采用这种特许方式的期刊上发表论文，作者会被告知签署同意授予这种特许的协议书，而无需签署著作权转让表。

随着电子出版日益盛行，与著作权和许可相关的事宜也在不断发展。不管引用他人已发表的论文还是发表自己的论文，都要记得查阅出版商的最新规定。

（陈 姜 译 顾良军 校）

第 20 章　如何提交稿件

> 出色的期刊出自编辑手下，毁在商人手上。
>
> ——Bemard de Voto（伯尔纳德·德·渥托，美国历史学家）

核 查 稿 件

提交稿件之前，需要再次阅读目标期刊的《稿约》，以确信遵守了其中所有的规定。如果期刊收到的稿件与《稿约》的要求出入较大，那么极有可能在送审前就退稿，要求修改后再投稿。

除非目标期刊有特别规定，稿件一般要遵守以下要求：

- 双倍行距。
- 页边距至少为 1 英寸，即至少为 25 毫米。
- 文字左对齐。
- 稿件的每一部分分别从新的一页开始。论文题目、作者署名及地址通常放在首页（作者应将这页标注为第 1 页），论文摘要放在第 2 页，导言部分放在第 3 页，后续的每部分（如材料与方法、结果等）都从新的一页开始。插图的文字说明集中放在单独的一页。通常情况下，表格、插图及插图的文字说明都是放在稿件的最后。近年来，一些期刊要求作者将这些内容安插在正文部分。

文字处理软件中语法和拼写检查功能可以提供一定帮助，但不可过分依赖。语法检查及文字处理工具能提示可能的语法或格式错误，但这种提示并非完美无缺，需甄别真伪。一般情况下，拼写检查工具能对科技词汇和不常见的词汇进行拼写检查，而且现在也有特殊的拼写检查工具出售。拼写检查工具能检查出明显的拼写错误，却对拼写正确但语义错误的单词视而不见。比如，一个常见的印刷错误就是把“public”误写成“pubic”。所以投稿前必须认真检查，才能保证用词准确。除了自查外，还可以请从未接触过该稿件的读者帮忙，他们有可能发现作者熟视无睹的问题。也可以采用大声朗读的方式，有助于发现问题。

提 交 稿 件

电子投稿

现在几乎所有的期刊都要求电子投稿，一些期刊要求作者以电子邮件附件的形式投递，越来越多的期刊要求通过其指定的网站投稿。早期的网上投稿有诸多不便，但网络系统日益便捷，作者们也渐渐熟悉并适应网投这种方式。电子投稿对作者似乎好处多多，它能加速出版过程，也不需要再像以前那样邮寄多份纸质稿件，还能追踪出版的进展情况。

如果在电子投稿时遇到问题，应该联系网站上指定的联系人/部门；如果网站上没有指定，可以联系杂志编辑部。如果无法电子投稿（比如居住在不通网络的乡村），那就联系编辑部。

期刊编辑们都希望发表国外文章，愿意帮助作者克服地域性的种种不便，可能会同意采用其他投稿方式，比如递交以 CD 光盘或以邮件附件的方式发送。

常规投稿

科技期刊出现的很长一段时间内，科技人员都是通过邮寄来投稿。直到现在，一些期刊还沿袭这种方式。以这种方式投稿，必须注意以下细节。

为保险起见，请将稿件装在结实的信封内并加盖封口章；邮寄拷贝有电子文档的 CD 或其他介质时，一定要包装好，可选用纸板或特殊的纸箱邮寄；即便备份了电子文档，也要保留一份纸质文稿；可考虑使用特快专递。有关邮寄的其他细节请参见本书 2006 版。

投　稿　信

最后值得一提的是，投稿时应该附上一封投稿信。没有投稿信的稿件会出现几个问题，如：稿件是投给哪家期刊的？是投新稿还是应编辑（若是，哪位编辑?）的要求对论文做修改后的再次投递？是审稿后被退回的稿件？如果论文有几位作者，哪位是投稿人？投稿人的电子邮件地址或别的地址是什么？通讯地址非常重要，因为稿件上的地址可能与作者的现地址不一致。作者的电话号码、传真号码、E-mail 地址应该出现在投稿信中或标题页。如果能推荐适合你稿件的编辑（有多名编辑的杂志社）和审稿人，也会有帮助。

如果稿件所属的期刊栏目类型不是很明显，那么可以在投稿信中加以注明。注意提供《稿约》中要求的一切其他信息。另外，还可以在投稿信中写上几句“好话”。“We would be glad if our manuscript would give you complete satisfaction.”，这是一位母语非英语的作者最近在投稿信中所写的“好话”，无可挑剔。

投稿信实例

Dear Dr. __________:

Attached is a manuscript by Mary Q. Smith and Adam B. Appiah titled “Fatty Acid Metabolism in Cededia neteri,” which is being submitted for possible publication in the Physiology and Metabolism section of the *Journal of Bacteriology*.

This manuscript is new, is not being considered elsewhere, and reports new findings that extend results we reported earlier in the *Journal of Biological Chemistry* (284 : 112 – 117, 2009). An abstract of this manuscript was presented earlier (Abstr. Annu. Meet. Am. Soc. Microbiol., p406, 2010).

Sincerely,

Mary Q. Smith

另一个投稿信实例以及出版公司对投稿信的要求，请参见网址：lwwonline. com/pt/re/lwwonline/coverChecklist. ltm.

电子投稿信

期刊的网上投稿系统通常能帮助完成电子投稿信。它会收集期刊所需要的信息，自动生成投稿信或类似东西。这既免去了作者写信的麻烦，又能确保期刊获得所需的信息。

投稿后的确认

大多数期刊收到稿件后，会通过电子邮件或其他方式告知作者，有的还可通过期刊的网站查询投稿情况。如果投稿两星期（如果是电子投稿，时间应该更短）后还没有收到编辑部的确认信息，应给编辑部打电话或写信询问。有这样一位作者，其稿件在投递过程就丢失了；9 个月后，当他小心翼翼地向编辑部打听稿件录用情况时，才知道稿件途中遗失，编辑部根本未收到。切记，一定要确认期刊是否收到稿件。

（谢 红 译 林东涛 校）

第21章　审稿的程序（如何与编辑沟通）

不少编辑把自己看作天才的雕塑家，总试图把一块大理石雕刻成为一尊可爱的雕塑，却把作者当作粗糙的凿子。实则不然，作者才是真正的雕塑，而编辑不过是用来点缀雕塑的鸽子。

——Doug Robarchek（道格·罗巴切克，美国专栏作家）

编辑、执行编辑和文稿编辑的职能

编辑（editor）和执行编辑（managing editor）的工作困难重重，这主要归因于作者的态度。这种态度从梅奥医学中心的（Mayo Clinic）厄尔·H·伍德在有关“作者心目中的编辑”的专题投稿中可见一斑。他在文中说到：“我真希望编辑对我的投稿来者不拒并尽快只字不改地发表，同时我却希望他们能够一丝不苟地审查其他作者尤其是我的竞争同行的稿件，绝不放过任何瑕疵。”

有人曾说："在我眼里，编辑不过是一帮可怜虫，比病毒还要低等，比教务长强不到哪里去。"

关于编辑，流传着这样一个故事：教皇和编辑死后同时到达了天堂，经过例行的程序后被分到他们各自在天堂的住处。教皇打量了一圈，发现自己的住处简陋至极；而编辑的住处却富丽堂皇，豪华家具、上流的地毯等设施应有尽有。教皇发觉了这一切，便到上帝那里告状："您应该搞错了。作为教皇，我的住处破破烂烂，而低贱的编辑却住得富丽堂皇。"上帝说："是吗？在我眼里，你才没有任何特别之处。在过去的两千年里，多达 200 位教皇到我这里来，而有编辑到天堂却是头一遭。"

本章的开头谈到编辑和执行编辑，现在我们有必要把二者区分一下。作者应该了解二者的区别，以免在因投稿不顺而抱怨时张冠李戴。

编辑（有些杂志不止一个）决定录用或者退稿。因此，科学杂志的编辑往往是相关领域里的杰出的科学家。编辑不仅要对录用和退稿做出最终的决定，还要指定同领域的审稿者。一旦你有理由对审稿的质量或者退稿的决定存在异议，你应该向编辑直接反映。阿德莱·史蒂文森曾诙谐地把编辑的工作比做分离小麦和谷糠，并把谷糠付印。

尤其在一些有影响力的杂志，不止一个这样的编辑。譬如，他们有主编（职位最高的编辑，负责整个杂志的事宜）、职位仅次于总编辑的副主编以及若干助理编辑。有时候，不同的助理编辑负责不同领域的论文审稿。整体上讲，负责评估和筛选的主编和其他编辑都被称作科学编辑。

执行编辑通常是全职的专业人员，而其他编辑通常是志愿的科学家，不领任何报酬。（少数规模大的科学和医学杂志有全职的带薪编辑。其他的一些杂志，尤其是医学类杂志和一些商业性杂志，也会给它们的兼职编辑付薪。）多数情况下，执行编辑不直接参与论文的录用和退稿，他只负责人员和行政事宜以及把文稿付印的后期操作。因此，如果在校样和印刷的过程中出现了问题，你应该和责任编辑联系。

简而言之，编辑们负责的是录用之前的事务，而执行编辑负责的是录用之后的问题。不过，大家似乎都相信这样一个基本原则：出了问题，就是执行编辑的错。

一旦你的论文被录用了，你就要和另一类编辑打交道：文稿编辑（manuscript editor），又被称作文字编辑。文稿编辑可能是编辑部的专职人员，也可能是出版公司的职员，甚至可以是在家里工作的自由职业人员。文稿编辑按照杂志的风格和格式编辑你的论文。此外，他们负责纠正文中出现的语法、拼写、标点以及用法等错误。在有些杂志，他们还要做其他方面的润色，比如让论文的措辞更清晰、更简明。如果文稿编辑有疑问（例如，表格和文章中的数字存在不一致），他们就通过询问信来征求作者的修改意见。你应该把文稿编辑看作同盟，是他们把你的研究呈现给读者并让你的专业领域了解你。或者，就像一名作者对文稿编辑所说的：“直到我看到了您的修改稿，我才认识到自己原来如此才华横溢”。

审稿的过程

作为作者，您应该已经对审稿的过程略知一二。因此，我们主要描述一下编辑部常规的政策和流程。如果你了解甚至是深谙编辑为何做出决定，你就知道如何和编辑沟通，从而有利于论文的发表。

当编辑部收到你的稿件后，编辑（或者是责任编辑，如果杂志有的话）做出一系列的预审和决定。首先，你的文稿所涉及的主题是否和杂志的专业领域相符？如果明显不符，稿件会立刻退给作者，并随稿附上简短的退稿理由。针对这种决定的复议，很少有作者成功，尝试这种复议通常是徒劳的。编辑的一个重要职责就是界定杂志的专业领域，如果作者对此提出质疑，即使措辞谦逊，编辑也很少买账。切记，这种退稿决定不是否定你的数据或者结论。明智的选择是改投其他杂志。

其次，在稿件的主题合适的情况下，稿件的形式是否合适呢？稿件是否完整，还是缺少章节、图表和图例？稿件是否符合杂志的编辑风格，或者至少符合其基本要求？如果针对这些问题的答案是否定的，稿件可能立刻退还作者，至少会因为弥补缺陷，而导致文章的审稿被延迟。多数的杂志编辑不会把没经过认真准备的稿件送审，从而浪费编辑委员会和顾问的宝贵时间。

一篇没经过认真准备的稿件退给作者后，若作者只是略加修改就再次投稿，编辑即使是本性善良，也会对此大为光火。下面是编辑写的一封信，摘录在此，以对各个科学领域的学生以警示：

Dear Dr. ________:

I refer to your manuscript ________ and have noted in your letter of August 23 that you apologize without excuse for the condition of the original submission. There is really no excuse for the rubbish that you have sent forward in the resubmission.

The manuscript is herewith returned to you. We suggest that you find another journal.

Yours sincerely,

____

只有稿件同时满足这两个前提（稿件主题合适，稿件本身也符合要求），编辑才会考虑发表。

至此，编辑必须履行两个重要的职责。首先，要做好编务管理，那就是认真地记录好稿件以备在审稿和出版（如果稿件被录用）的过程中查阅。如果杂志有责任编辑（多数规模大的杂志都有），做好编务管理就是责任编辑的活儿。编务管理务必准确，以确保随时可以查阅稿件的相关信息。系统务必设有一些内置的信号装置，以便在审稿延迟或者出现其他问题时，可以及时提醒编辑或者责任编辑。目前，很多杂志都设有电子系统，用来查询稿件，从而便于编审工作。

随后，编辑必须决定稿件是否需要同行评议（peer review，即由相关领域的其他专家来审稿）。如果需要的话，编辑确定同行的专家。在很多杂志，此阶段的所有稿件都送交同行专家进行审阅。在有些杂志——尤其是那些规模大的杂志和投稿竞争激烈的杂志，它们收稿很多——编辑决定哪些稿件送交同行专家审阅。如果因为论文研究缺乏深度或者研究话题偏窄，编辑确定不发表，他们就不把论文送交同行专家审阅而是直接退给作者。这种退稿的决定很快，作者仅需要数周就可以知道结果，而若送同行专家审稿往往需要数周以上。如果你很快收到退稿（这经常发生），你就把稿件转投其他也许更专业的杂志，不过一定先要仔细了解杂志对作者投稿的要求。

如果需把论文送交同行评议——大多数杂志的投稿都是如此，编辑或者编辑们必须确定审稿人。通常情况下，一篇稿件需要两位专家审阅；在有些领域，尤其是跨学科的论文，需要三位或者更多的专家参审；在其他领域，通常则需用一位专家审阅。显然，审稿人必须和作者同属一个领域，也就是说，他们必须是同行的专家，否则他们的评审意见没有任何价值。通常情况下，编辑开始从杂志的编辑委员会成员中选择审稿人，确定哪一位成员具有相关的专业知识才可以审阅稿件。由于现代科学的高度专业化，编辑委员会一般只有一位成员谙熟一篇特定论文的专业领域。因此，编辑必须邀请编辑委员会之外的一位或几位专家审阅稿件，这些专家通常被称作特别审稿人或者编辑顾问，有些杂志的论文审阅全部由特别审稿人完成。有时，编辑需要做过大量的调查工作后方可确定一篇论文的审稿人。

杂志如何选择专门的审稿人呢？通常，编辑们或者编辑委员会有他们了解的专家候选人。有些杂志设有具备审稿经验或者能力的专家数据库，这类数据库不仅包括专家的专业领域还包括专家审阅的时效性和质量等信息。编辑经常邀请论文中参考文献的作者做审稿人，他们还通过检索相关话题的文献来确定审稿人的候选人。有些杂志允许论文的作者推荐审稿人并允许他们列出他们认为由于利益存在冲突而不适合审阅自己论文的专家。但是，如果作者把所在领域的大多数专家都排除在外，编辑会怀疑作者的判断。此外，特邀的审稿人如果不能到位，通常要求他们推荐其他可以胜任的专家。

这种审阅体系有效吗？按照 Bishop（1984，p. 45）的说法，这个问题的答案是绝对肯定的。所有的编辑和大多数的作者可以肯定的是，不按照审稿人的建议做出修改，有时甚至是大幅度的修改，论文的发表几乎是不可能的。

多数的杂志对审稿人采取匿名制。有些杂志在把稿件送往审稿人审阅时，把作者的名字从文中隐去。总体上，正如加拿大著名的科学家 J. A. Morrison（1980）所说，不时有人指出，审阅时文章作者应该匿名以保证公平，虽然这样操作起来有很大的难度。事实上，编辑很少碰到审稿人公然地表现出不公正和偏见。在送审的稿件中，也许只有 0.1% 甚至更少的稿件让编辑觉得有必要质疑审稿人的意见。

同行评议是一个值得大量研究和反思的话题，已经有一些国际会议把它当作议题。若对同行评议感兴趣，可参考含有大量相关参考文献的书籍（Lock 1985；Godlee 和 Jefferson 1999）以及同行评议和生物医学出版物国际大会的网站（www. ama-assn. org/public/peer/peerhome. htm）。虽然针对同行评议制度各个方面的批评不在少数，不争的事实是，自 1975 年以来，该制度还是被普遍采用，这也是对其价值强有力的证明。

编辑的决定

有时，编辑很容易做出决定。如果所有的审稿人不做任何改动或者略加改动就建议“采用”，并为他们的建议提供强有力的支持，编辑也就不存在任何疑问。遗憾的是，很多情况下，审稿人的意见不一致或者缺乏有力的证据，编辑或者必须做出最后的决断，或者把稿件送交另一个甚至更多的专家审阅，以达到审阅意见的一致。编者如果是论文相关专业领域的专家，他就可以担任额外的审稿人并做出最后的决定。如果一位评阅人详细的评注比另外一位评阅人更有说服力，编辑极有可能做出这种决定。把稿件送往更多的专家审阅显然很耗时，通常只有学术能力不足的编辑才这样做。然而，如果编辑对论文所涉及的领域不熟悉，他必须把稿件送往其他专家审阅。由于有些杂志接收的稿件远远超过发表的数量，如果缺乏足够的发表理由，即使稿件得到审稿人一致的肯定，它也可能被拒稿。

审阅过程结束，编辑的决定已做，作者便会收到通知。这是编辑的决定，而编辑委员会成员和特邀审稿人的意见仅供参考。必须是编辑做出最后的决定，采取审稿人匿名制的杂志更是如此。呈现在作者面前的决定好像是编辑的，事实上也的确是编辑一锤定音。

编辑的决定不外乎三种可能：录用、拒稿或者退改。通常情况下，在投递稿件后的四周至六周的时间内，决定就可以到达作者手中。如果八周过去了，你还没有收到编辑的决定或者延迟评审的通知，就应该电话或者写信联系编辑。你有权在合理的时间内知道编辑的决定，至少应该得到通知。此外，你的询问或许会让问题明朗。显然，有可能编辑的决定已经做出，但是你却没有收到通知。如果通知的延迟缘于编辑部内部（通常是因为某位审稿人没有答复），你的询问就可能引起重视，促进问题的解决。

此外，绝不要畏惧和编辑沟通。绝大多数情况下，编辑都很友善。不要视之为敌人，他们恰恰是你的朋友，因为他们的唯一目标就是用可行的语言发表好的科学论文。如果你和他们志不同道不合，你确实是和一个致命的敌人在打交道。但是，如果你们目标一致，你会发现编辑绝对是你的同盟。你可能会得到千金难买的建议和指导。

录用信

最终，你收到了编辑的决定。假设编辑来信通知你的稿件已经被录用，这一刻，你应该喝上一杯香槟或者吃上一盒圣代冰激凌好好庆祝和自我陶醉一下。因为论文被录用并非易事，值得好好庆祝。对于好的杂志（甚至在生物学领域），只有5%的论文才被录用。

退改信

极有可能的是，你会收到编辑的一封说明信，附有两份或两份以上的审稿人意见。说明信的内容大抵如下："您的稿件已经审阅，现在退还给您并附上评语和建议，我们相信这些评语会有助于提高稿件质量。"这是一封退改信典型的开篇措辞。接下来可能会说，若按照要求进行修改，论文会被发表；或者，只有进行修改，才有可能被重新考虑。

收到退改信时，决不要惊慌失措。现实地讲，你不要期望论文不经过任何修改就可以被录用。绝大多数的投稿人要么收到退改信，要么收到退稿信。若收到退改信，你应该感到高兴才是。

若收到退改信，你应该仔细地检查和阅读信件的内容以及审稿人的评语。（在很多情况下，退改信不过是格式化的印刷信函，重要的部分却是审稿人的评语；但是，有时候，编辑的退改信包含具体的指导意见，譬如会涉及某个审稿人持有异议的地方。）余下的重要问题就是你是否能够和愿意按照要求做出修改。

如果所有的审稿人对稿件中的某个问题持有一致的意见，那么几乎可以肯定是论文出了问题。少数情况下，某位审稿人可能会有偏见，但是如有两位或者更多的审稿人同时出现偏差，这几乎是不可能的。如果审稿人对稿件存在误解，那么就找出这个错误所在，在重新投稿前纠正它，无论是投交同一个杂志或者新的杂志。

如果要求修改的部分比较少，改动的幅度也不大，应该马上修改，不要迟疑。正如亚瑟王常说的："未雨绸缪。"

但是，如果需要较大的改动，则应该冷静一下，全面审视你的观点。可能会出现下列几种情形之一：

第一，审稿人的意见是对的，论文确实存在重大缺陷。在这种情况下，你应该遵照审稿人的指导，把论文重写。

第二，也许审稿人就某一点或者两点发现了问题，但是某些批评并不恰当。在这种情况下，重写论文时，你要牢记两个原则：在本人可以接受的前提下，按照审稿人的意见进行修改，尽量加强或者阐明审稿人有疑义的地方（尽管你认为审稿人是错的）。最后，也是最重要的，在你重新送交修改过的论文时，应附上一份说明，逐点解释按照评阅人的评语你做了哪些修正。

第三，有一种情况完全可能发生，那就是，至少某位审稿人和编辑严重地误解了你的论文，你认为他们的批评毫无道理。在这种情况下，你面临两种选择。一种是转投他刊，希冀新的杂志给你的论文做一个更加公正的判断。这个决定比较实际，但是，如果你强烈希望把论文发表在同一本杂志，就不要轻言放弃，继续把论文投送该刊。在这种情况下，你应该使尽全身解数。你不仅必须逐点批驳审稿人的评语，还要避免言辞过于激烈。切记，编辑也在竭尽全力，也许在零报酬的情况下，做出一个科学的决定。如果你在说明信中，开篇就指责编辑特邀的审稿人“愚蠢”，我们百分百地肯定你的论文会马上被退稿，毫无录用希望。另外，每位编辑都知道，审稿人可能出错；事实上，按照墨菲定律，他就一定会出错。因此，你应该冷静地向编辑解释你的理由和审稿人的错误之处（绝对不能说编辑是错的!），那么他就可能录用你的论文或者至少会把论文送交其他的审稿人进一步审阅。

如果你决定修改和重投论文，一定要在编辑设定的期限前完成，因为多数的编辑都要求期限。显然，很多修稿的稿件不会重投同一本杂志，因此，期限过后可以考虑把稿件撤消，从而在杂志的记录上消失。

如果你的投稿没有过期，编辑会毫不犹豫地接收你的稿件。或者，如果你进行了实质性的修改，编辑会让同一个审稿人评审。如果你按照审稿人的意见进行修改或者针对批评给出合理的解释，你的论文可能被录用。

相反，如果你的投稿已经过期，你修改过的稿件会被作为新稿件，重新送审，也许评阅人会完全不同。明智的做法是，仔细按照编辑的期限投稿，尽量避免这种双重的危险和浪费更多的评审时间。如果你认为不能按期投稿，立刻通知编辑，也许编辑会考虑延迟期限。

当你投送一篇修改过的稿件时，要让编辑易于确认你修改过的地方。譬如，如果编辑逐条列出该修改的地方，你也应该按照顺序逐条一一作出解释。不妨用 Word 的修订功能来显示所做的修改。如果编辑要求你按照其他方法显示修改的地方，仔细按照他们的要求来做。清楚无误地确定你修改的部分有助于编辑针对你的论文作出决定，这样做还可以有助于提高你作为一个作者的好名声，从而有利于你和编辑办公室的沟通。

退稿信

现在假设你收到了退稿信（几乎所有编辑目前都会说“不适合录用”或者“以目前的状态不适合录用”，而不是用“拒绝”这个难听的字眼）。在因悲伤而哭泣之前，切记两件事：第一，提醒自己只是众多倒霉蛋中的一个，因为很多好杂志的退稿率高达 50% 以上。第二，仔细地阅读退稿信，因为就如退改信，退稿信也分为数种。

很多编辑把退稿信分为四类。第一类是彻底的退稿（很少发生）。正如一名不太圆滑的编辑在退稿信中所述，这种稿件编辑“再也不想碰见”。第二类也是很常见的一类，稿件包含有用的数据，但是存在严重缺陷。此类稿件如果在做出大幅度的修改之后重新投稿，编辑有可能重新考虑录用，但是编辑并不推荐重新投稿。第三类是稿件基本符合录用的要求，除了实验过程存在缺陷，也许是缺乏对照实验，或者是文稿存在严重的缺陷，而数据是可以接受的。第四类常见于投稿很难被录用的杂志，稿件所阐述的研究是合理的，但是因为不够重要，或者不能引起广泛的关注，从而不适合录用。

如果属于第三类，你最好按照审稿人的意见做出必要的修改，把修改过的论文重新投稿至同一本杂志。如果你按照编辑的要求，增加了对照实验，修改过的论文有可能被录用。很多编辑拒绝录用，是因为论文实验研究不足，虽然修改起来并不难。你如果按照要求做出了大的修改，例如把讨论部分全部从头至尾重写或者给整篇论文加注，那么修改稿极有可能被录用。

如果属于第二类（根据编辑的退稿信和审稿人的评语，论文的数据存在严重缺陷），除非你能够让编辑相信是审稿人对你的论文有严重的误判，否则不要把同一篇论文重新投到同一本杂志。不过，你也可以暂时不重投论文，直至论文的证据更确凿，结论更清晰。重投这篇“崭新”的论文至同一本杂志不失为一种合理的选择。应在说明信提及论文的初稿并简要阐述修改稿的性质。

如果属于第一类（彻底退稿）或者第四类（基于优先顺序），把稿件重新投到同一家杂志或者提出复议，都没有任何意义。如果论文质量确实很差，也许就不应该再改投其他任何杂志，否则恐怕声誉被毁。如果论文的一部分还有利用的价值，把这部分合并到新的稿件中，转投新的杂志。如果论文质量不错但是没有优先的可能，则应充分参考审稿人的意见，尽快转投其他杂志。你的论文有可能被更专业的杂志或者竞争不激烈的杂志录用。

高兴起来！也许某一天你收到的退稿信可以足够装饰整整一面墙。你甚至可能开始领悟到退稿信微妙的措辞了。下面这封信（据说是一封中国某经济学杂志的退稿信）可能对你造成伤害吗？

> “您的论文已经拜读，甚感欣喜。如果发表了您的论文，我们将无法降低标准再发表其他论文。我们相信，在未来很长的一段时间里，将无法看到与之比拟的论文，因此我们只有遗憾地退回您极具天赋的稿

件；同时，真诚地希望您能够原谅我们的短视和怯弱。”

作为把关人的编辑

需要谨记的一点是，无论是退改信还是退稿信，都是编辑在做你和审稿人之间的协调工作。如果你能恭敬地和编辑沟通并能够科学地捍卫你的论文，大多数退改甚至退稿最终都会得以发表。通常情况下，编辑和审稿人对你是持支持态度的。他们的主要作用是帮助你更好地表达观点，给你提供科学的评价。因此，尽一切可能和他们合作，对你大有裨益。Morgan（1986）对编辑的工作做过形象的描述：“编辑就像一个洗车场，所有的车都奔着一个目标而去。很脏的车被拒绝，较脏的车会变得干净，而干净的车几乎没有变化。”

若不是编辑这么勇敢地担任把关人的角色，我们的科学杂志很快就会沦落为晦涩难懂的胡言乱语。

无论编辑如何对待你，请尽量同情这份暗无天日的工作。H. L. Mencken 在 1936 年 1 月 25 日写给 William Saroyan 的信中提到：“我理解你编辑一本杂志的热望。随信附一把六弹巢的左轮手枪，请装上子弹，朝你的头部开枪。到达地狱后，你会感谢我，因为你会从其他编辑那里得知他们在人间的工作多么可怕。”

（张恒权　译　林东涛　校）

第22章 发表步骤（怎样进行校对）

仔细校对，看看有没有漏掉什么词。

——佚名

修改与校对过程

以下简要介绍稿件接受后、发表前的各步骤。

原稿一般会经过一套文稿编辑程序，其中拼写错误、语法错误会加以修正。此外，文字编辑还会根据待发杂志类型，统一标化全部缩略语、测量单位、标点符号及拼写。某些杂志的文字编辑为增强可读性还会改写，如改进句式结构、让用词更简洁。许多有足够人手的英语杂志会花更多精力来修改非英语母语作者的文稿，以促进国际间交流。如果阐述不够清楚、或需补充其他资料，文字编辑会向你询问。这些问题会单列于作者释疑单或与校样（印刷版副本）一并返给作者。要是杂志进行校稿前就将已修改原稿发给作者、以征求其同意，这些问题还可列于已修原稿上、或随经修改的原稿一并返回。

通常，修改后的电子版载入计算机，该机与排版系统相连，这样就能打印文章校样。排字工打印出表示字体、版式的代码。

极个别情况下，如果作者尚未提交电子版，排版工将把修改文字排印在原稿上。这样就修出返给你的改稿，改稿交你手上，就能在文章上核对校稿意见，修改印刷错误，回复文字编辑提的问题。一般来讲，你会接到PDF格式的校样。

最后，排字工会录入你对校样的修正。最终版就成了杂志页面上看到的那样。

校样为何返给作者?

投稿被接受待发后，有些作者会很快忘掉他们的手稿，就算接到返修校样也不怎么留意，理所当然认为他们的文稿会奇迹般在杂志上发表，而且不带一丝错误。

校样为什么要返给作者？主要原因是检查排版准确与否。换言之，作者需仔细审查改稿中的印刷错误，尤其在排字工要按纸质稿件输入时（当慎之又慎）。即使是电子版投稿，投稿前对电子文档仔细校对过、也进行了拼写检查，还是会留下错误、或进行编辑调整时出错。无论原稿多么天衣无缝，杂志看重的只是最后的付梓。一旦文章见刊后还存在严重错误，种种后期问题将接踵而至，而不仅仅是名誉严重受损。

这种影响确实存在，因为许多错误都会影响读者理解。像小数点排错位这类小错误，有时几乎能让一篇已发文章毫无价值。在这世上，我们有把握的只有三件事：过世，缴税，印刷错误。

拼写错误

就算拼写错误未严重影响理解，但若显得滑稽可笑，对你名声不会有什么好处。如果论文里提到“nosocomical 感染（正确拼写应为 nosocomial——译者注)”，读者会明白你说的是什么，他们对此会付之一笑，而你却不会觉得好笑。

就拼写错误这回事：一位英文教授有次做过具有深远影响的评价。有学生在文中误把“burrow”拼成了“burro”。该教授在页边批注道：“burro 是屁眼，burrow 是地洞；其中的差别，谁都该懂”。另一位英文教授摆出针锋相对的观点，（因为算术不怎么好）他这样说：“I don't know math from a hole in the ground.（我对地洞里冒出来的数学一无所知。）”

某大型实验耗材公司曾发布一则广告，广告词用粗体标题宣称“Quality is consistant because we care”（意即：因为用心，所以品质始终如一。）（consistant 应为 consistent—译者注）不过，我们当然还是希望公司更在乎其产品质量、远甚于他们关注其拼写质量。

虽然我们搞出版发行的偶尔会为印刷错误夜不能寐，但从我们眼中漏掉的错误多半不如出版界前辈所犯严重（有的错误堪称不朽)，我们对此还是多少有些安慰。

1631 年，英国刊印的《圣经》曾有一处历经岁月仍为人谈论的谬误。第七诫曰：“尔等理应通奸。”（Thou shalt commit adultery.）我们知道，基督教（教义）实际上是从该版问世后才开始普及。如果上述经文显得亵渎神灵，我们只需向你推荐另一版、1653 年刊行的《圣经》，其中有这样的经文，“汝辈应知，罪孽其实源自上帝天国。”（“Know ye that the unrighteous shall inherit the kingdom of God.”）

如果按阅读科技论文的方式和速度浏览校样，你很可能会漏掉 90% 的排版错误。

审查校样的最好办法，首先***通看***一遍，其次仔细***琢磨***。这样查阅可能漏掉 90% 的错误，但却能抓住***漏检***的错误。如果排版工漏印一行，理解也许是能查错的唯一办法。还有种方法，或者说*作为（前面办法的）补充*，两个人一同审读校样，一位念出声、一位顺着文稿看下去，这样做很管用。

要查出部分错误，务须放慢速度一个字一个字审读。如果像往常阅览那样，放眼从一行字跳到下一行，就发现不了很多拼写错误。特别是你得了解专业术语。一位优秀打字员可以正确连输“樱桃（cherry）”这个词 100 遍而不出错；但却会将“*埃希菌（Escherichia* ）”一词（用 4 种方式）连续误拼 21 次。读者看到全分子式为 $C_{12}H_6Q_3$ 的化合物会想，它的用途有哪些。心无旁骛、逐字逐句审读的一个办法，即倒过来看校样，从最后一词看到头一个。

要想万无一失，最好在亲自校稿之余，考虑请人来审。但别把校对全部托给别人，以免碰到这样的窘境：我们一位同行，厌倦了出版工作，让一位文员审查校样。直到该期杂志发行后，这位同行才发现，文章标题中有一处拼写错误。

前面我们提到，小数点错位可能带来一场灾难。这一经验会得出校对工作的一个通则。仔细查看每个数字；校对表格尤需仔细。这一条很重要，原因有二，一者，输数字时常会出错，特别是表格资料；其二，你是**唯一**能发现这类错误的人。大多数拼写错误在排版工的校对室、杂志编辑部就找出来了。专业的校对员只管对着校样一扫而过来查找错误，但却无从得知“16”其实该是“61”。

标 明 改 动

和科技出版界其他很多情况一样，修改校样在电子时代也正发生变化。在版面校样准备好前，作者不再收到长条校样（长条状改稿）以便修改。作者也不再通过邮寄收到校样，而是收到电子版或经网站接收。因此也涉及如何标明改动。切记务须按照杂志当前校样指南修改。

通行的做法是这样：在纸质的校样上对每处错误都标注**两次**，一次在错误处修改，一次在页边空白处标注。排字工根据页边标记查错，因为只在文中一处标识容易忽视。应采用标准校对符号（其中最常用的已在表 22.1 中列出）来标明修改处。正常情况下，出版方随改稿将这些符号清单一并发给作者。了解这些主要符号有助于审读论文校样，并可帮助校对撰写出其他内容的排印版。

表 22.1　常用校对符号

说明	文中符号（例）	空白处符号（例）
大写	Hela cells	cap
改小写	the Penicillin reaction	l.c.
删掉	a very good reaction	[删除符号]
合为一词	Mac Donald reaction	[连接符号]
插（入）空（格）	lymphnode cells	#
另起一段	in the cells. The next	¶
添逗号	in the cells after which	,
添分号	in the cells however	;
加连字符	well known event	=
添句号	in the cells Then	⊙
加词	in cells	#the#
交换（前后）顺序	proofraeder	tr
（改为）下标	CO2	$_{2}$
（改为）上标	32P	^{32}
改为罗马正体字	The *bacterium* was	rom
改为斜体活字	P. aeruginosa cells	ital
改为粗体	Results	b.f.
保留、勿删	a very good reaction	stet

其他方法也在研发中。比如，有些杂志的文稿作者从安全网站上取回校样，而不是通过电子邮件或其他方式接收。这些情况下，作者有时可通过网络提交返修，同时列出全部改处、并标明其位置。目前也有技术可以在电子校样上显示所做的改动。

不管用哪种办法，在杂志规定的截止期前尽快返修校样。如果没做到，不但影响杂志发行计划，还会造成延期发行、甚至撤稿。如果觉得做不到如期返修校样，应告知杂志社，这样杂志社可修改时间表，或把校样发给共同作者/其他作者审校。

校稿其他需知

本章开篇我们说过，校样返给作者，这样他们才能检查排字准确与否。换言之，校样阶段***并不***是修改、重写、重新措辞、补充更新材料、或较最终投稿有其他明显改动的时候。有三条理由说明为何审读校样时不宜对校样进行实质性改动。

其一，（出于）伦理方面的考虑：除非一份杂志是家规模不大、一人经营的单位，编辑不会亲自通读校样或校样修改，故坦白地说不宜进行实质性改动。同行评审后，编辑认可的文章理当（直接）付梓，而不应是包含编辑或审核者未见过材料的更新版本。

其二，打乱排版材料并非明智之举，除非确有必要，因为这样可能带来新的印刷排版错误。

其三，修改代价颇高。你也不该为了要求进行并不重要的改动而为难出版方（该出版方可能一个科学协会；你没准还是它的忠实会员）；此外，你可能会收到金额巨大的作者修稿收费单。多数杂志会承担为数合理的作者改动，但也有不少杂志，特别是那些由主编、业务经理经手的，如果你对校样明显进行了过多改动，早早晚晚会对你采取非常措施。

有种对校样的补充常常是允许的。如果一篇涉及同样或相近话题的论文已见刊、而你的文章也在排印，这时就有这种改动需求。从新研究角度看，你或受其驱使、想更新部分原文。那么切记打消这种念头，理由上文已述。你要做的就是在校样中另准备一个简短附件（只几句话），介绍新近工作大致情况，并列出文献出处。若编辑赞同纳入这部分，该附件可在文末附印，而不影响原文本身。

参考文献补充

很常见的是，一篇新论文发表后，你想把它加入参考文献中；要这样做，其实无需改动正文部分；也许除了加几个字，再给新增参考文献添个编码足矣。如果还不清楚杂志要你怎么做，可向编辑部打听。

如果杂志用的是数字加字母排序的参考文献格式，也许会要求你给新增参考文献加上附带“a”的数字。比方说，如果新增参考文献按字母排序、介于（原）参考文献 16、17 之间，则新增文献列为“16a”。这样的话，其余参考文献编号就无需改动；且节省了改动成本，也避免因参考文献列单及正文重新编码而可能带来的错误。引文顺序格式对参考文献排序也会有类似要求。要想方便，如果作为附件援引新增参考文献，则该文献将列于引文顺序格式末尾，这样也不会打乱其余参考文献排序。

校对插图

仔细查看插图校样，这很重要；特别当你用影印插图或其他纸质插图的投稿，而不是以电子版提交时尤当如此。以下介绍很大程度上针对这种情况。

如果论文内有意义重大、结构精细的插图，而目标期刊拥有优质印制水准的声誉，就不能单单是期望完美无瑕般的准确，而是要主动要求这样的精确。作为最熟悉原稿的人，你得充当质控监察员。

图形和其他线图很少出错，除非文字编辑把它们尺寸缩得太小、几乎难以辨认，或者（罕见地）对其中一组误算比例减小程度，导致无法匹配。

然而照片有时还是存在问题，能不能注意到就在于**你**了。拿插图校样和原文进行比对。如果插图校样整体色泽偏深，很可能只是曝光过度罢了；但若图像细节就此消失不见，你必须要求印刷工重新制图。

如果校样颜色比原稿浅，很可能是曝光不足。或许是“印刷工”（我们用“印刷工”这个词代称印刷过程中各相关工种）影印时曝光不够。而有时，尤其是图像对比度不够时，低曝光度反而比正常曝光能更好反应图像细节。基于此，你的对比不应取决于曝光水平，而应取决于细节真实程度。

有时图片某一局部尤其重要。若果真如此，且你对复制图片不满意的话，不妨借助空白处注解或新图覆盖告诉印刷工，具体是原照片中的哪一部分很清楚而校样中却看不清了，这样印刷工才会重点处理对你来说重要的内容。

申述时机

如果你从本章没学到别的，我们坚信，现在你肯定知道必须准备好质量控制。数不胜数的作者在文章发表后都曾牢骚满腹，却从没意识到，他们要抱怨的，无论是什么，其实他们自己本可以阻止其出现。打个比方，很多作者屡次抱怨，说自己的图片印出来上下颠倒，或是印得斜了。回头看这类问题，实际往往是，作者并未注明该图片在校样中位置没放对。

所以，如果你想（事后）抱怨，不如校样阶段就去申诉。还有，信不信随你，你的投诉可能会受礼遇。出版方早在拟定细则以予保质保量复制方面耗资甚多，而他们也需要你的质控，来保证他们的本钱没有打水漂。

资深的出版商与优秀的印刷厂合作，优秀的印刷厂印出颇有口碑的杂志。已发论文刊载你的大名，而出版商、印刷厂的声誉也一并担受风险。他们希望与你携手，印制出色作品。同样的，如果杂志系纯电子版，出版商也希望让发行物保质保量，这还是取决于你在这方面的配合。

执行主编务须保证作品完整无缺。所以我们了解的编辑部主任决不会因为印刷厂报价低就与之签约。John Ruskin 曾说："廉价的代价往往是劣质。只关注价格的人往往会上当受骗。"他说得一点儿没错。

一家印刷所里有块标牌也道出同样的观点：

价位
品质
服务
任选上述其中的两种

单　印　本

按照惯例，作者会随校样收到一份订单，上面会询问作者是否需要单印本。很多科学工作者都记得那段时光——用电子方式获取杂志文章普及以前，确切地说是复印这种方法推广之前——向作者索取单印本是随时追踪最新文献的重要途径。除了为研究人员提供获取文献的途径，单印本的需求状况还有助于作者了解哪些人士对他们的工作感兴趣（Wiley，2009 年）。

今日，单印本在科学文化中的重要性已大大下降。但无论如何，它们有时还是值得去预定（例如，有些国家的合作人员可能不能获取论文的电子版，可提供单印本与之分享；可用于海报展示、求职面试；可给你母亲或未来的另一半留下深刻印象）。单印本的标准因研究领域各不相同。如果你对本领域的标准不熟悉，可查阅同行指南，看看能否预定单印本；如果可以，又该怎样预定。

有些杂志还能提供“电子单印本”，这样能给作者提供一次性查找自己文章的渠道。有朝一日，科学工作者也许会问：作者分享的文章到底为什么称作单印本？

（蒋兰慧 译 林东涛 校）

第五部分

撰写其他类型的出版物

第23章　如何撰写综述

> 综述作者就是将一生中最奇妙的讥讽给予作者的人。
>
> ——佚名

综述的特征

综述不属于原创性出版物。在极少见的情况下，综述会包含尚未公开发表的新数据（来自作者所在实验室）。但是一般来说，综述的目的是对已发表的文献进行评论，进而阐发某些观点。

综述的篇幅通常都较长，自10页到50页不等。当然现在也有一些杂志刊发篇幅较短的“微型综述”（mini review）。与论著相比，综述的主题相当广泛，当然其主要任务就是评论文献。但是，真正好的综述绝非仅仅增加了注释的文献列表。好的综述能对已发表的文献提出批判性意见，并基于文献得出重要结论。

综述的结构通常与论著不同。综述一般不采用由“导言”“材料与方法”“结果”“讨论”等各部分组成的论文结构。不过，有的综述或多或少会采用IMRAD格式；比如，某些综述中可能会列出“方法”部分，阐明文献综述方法。

如果你以前发表过论著，现在准备着手写一篇综述，你不妨将综述看作特殊的论著，具体如下：充分扩充“导言”部分；删除“材料与方法”部分（除非综述中会引入原创性数据，或你希望说明文献筛选方法）；删除“结果”部分；扩充“讨论”部分。

实际上，大多数科研人员都写过不少综述。在格式上，综述与一些完善的学期论文或毕业论文中的文献综述部分没有太大区别。

同论著一样，综述的整体结构非常重要。“工欲善其事，必先利其器”；良好的综述结构亦如是。

撰写提纲

与论著不同，综述没有固定的结构。因此，你必须自行设计合适的综述结构。撰写综述最重要的步骤就是撰写提纲。

应认真对待提纲的撰写。提纲有助于组织文章内容，这一点非常重要。如果综述结构规划得当，综述的总体框架就能确定下来，综述的各部分内容也能有机地整合起来。

显然，必须在写作开始前准备提纲。另外，在开始写作之前，还应该判断综述性期刊（或刊登综述的重要期刊）是否会对自己的稿件感兴趣。期刊编辑可能会限制或扩充作者拟定的综述范围，或是增加或删减稿件中拟定的某些副标题。有时，如果你的目标期刊上已刊登过同类综述，你只能考虑向其他期刊投稿。

提纲不只对作者撰写综述非常重要，也对论文的潜在读者很有帮助。所以，很多综述性期刊会在综述前列出提纲

（其作用近似于图书的目录），以便读者决定是否要通读综述全文。

为方便读者阅读与理解，综述里通常都会大量使用副标题（如果论文之前刊出提纲，那么副标题就须与提纲相对应）。例如，由 Roger W. Hendrix 撰写的综述《Bacteriophages：Evolution of the Majority》（Theoretical Population Biology 61：471－480，2002）就设有以下副标题：

Bacteriophages as a Model System for Evolution

Evolution of the Lambdoid Phages

Mosaicism and Non-homologous Recombination

Homologous Recombination

Point Mutations

Adding New Genes

Inventing New Genes

Comparisons with Other Phage Groups

The Big（ger）Picture

The Really Big Picture

2009 年，该综述的作者 Hendrix 获得了美国国家科学院“科技评论奖”，以表彰他所撰写的“综述、概述和小综述”“紧扣研究进展，纳入了大量原创性的、振聋发聩的理念”。该奖项自 1979 年创办，已陆续表彰了不同领域的杰出作者。历届获奖人员名单可参见美国国家科学院网站 www. nasonline. org/site/PageServer?pagename = AWARDS_ scirev。如果想阅读本领域的大师所撰写的综述，可搜索该网站，获得获奖人员名单及他们撰写的综述。

综述的类型

在实际动手撰写综述之前，需要判断目标期刊的需求。有一些期刊要求投稿对文献有深入的批判性评价，另一些杂志则对相关文献的完整性有较高要求。在动手前，还要注意目标期刊对论文结构、体例格式和侧重点等方面的要求。

有些老牌综述性期刊希望甚至要求稿件就某个主题对相关文献开展权威性和批判性的评价。另外，许多“系列图书”（例如，“Annual Review of”“Recent Advances in”“Yearbook of”等）所刊登的综述主要是汇总和阐述某一时期内关于某一主题的文献，而不一定是对文献做批判性评价。在一些活跃的研究领域，每年都会发表针对本领域的综述。这两类综述有相同的写作目的，但两者间的差异也需要识别。

过去，综述经常要回顾历史。事实上，此类综述通常都是按时间顺序来组织论文内容的。虽然这类综述已越来越少，但是这并不意味着科学史不再重要。历史始终占有一席之地。

不过，现在的大多数综述性期刊倾向于刊登“最与时俱进”的综述，要么是对一个飞速发展的领域作出全新的诠释。这些综述通常只收录相关的最新文献并对其作出评价。如果所综述的是从未被综述过的主题，或者是曾经有过误解或有过争议的主题，应该在论文中增加一些历史回顾。如果综述的主题此前已被充分有效地综述过，本综述的起始点应是上次综述的日期（不是上篇综述的发表日期，而是上篇综述中所引用的最新文献的发表日期）。当然，你所撰写的新综述首先应提及上篇综述。

为读者写作

综述与论著的另一个基本区别是读者不同。论著高度专业化，因此论著的读者也是专业人士（作者的同行）。综述则可能覆盖作者所属研究领域中多个高度专业化的课题，因此更多科技同行会阅读综述。此外，相关领域的人员也会阅读综述，因为阅读优秀综述是拓宽研究兴趣的最好途径。最后，综述在教学中非常有价值，因此学生使用综述的机会比较多。（顺便提一下，基于这些原因，与论著相比，综述单印本的订购量应更大一些，用途也更广一些）。

因为综述拥有更广的读者群，所以作者撰写评论性论文时的写作风格要比撰写研究性论文的写作风格更大众化。综述应不用或慎用行话和专业略语。总之，综述要内容详实，避免过于浓缩。

引言段落的重要性

综述的引言部分对读者影响非常大。如果论文题名还可以让读者产生一点兴趣的话，很多时候读者会根据论文的引言段落来决定自己是否要继续读下去。

综述各主要部分的第一段对读者的影响也很大：读者会在读各部分的第一段后，决定是否仔细通读、略读或跳过该部分的其余段落。如果一个部分的第一段写得很好，那么不管读者是仔细通读了这一部分，还是略读或跳过了这一部分，都能对相关的内容有一定程度的理解。

结论的重要性

由于综述的读者背景各异，覆盖的主题也较为广泛，因此作者有必要给出“结论”部分，这对于高度技术性、前沿性或者晦涩的主题尤其重要。有时在撰写结论时，作者很难同时满足专家和普通人员的阅读需要，因此不得不作出一定的妥协。无论如何，好的结论或总结会很快被教科书所收录，这对未来的学生来说是很有助益的。

（顾良军 译 林东涛 校）

第24章　如何撰写观点（书评、述评和致编辑的信）

> 你会很难记住我的论点，如果你没有同时记住我的论据。
>
> ——Friedrich Nietzsche（尼采，德国哲学家）

撰写明确的观点

学者一旦在自己所属的研究领域里有了一定知名度后，可能就会经常收到期刊和其他出版物的邀请，请求其撰文发表专业观点，最常见的情况是受邀撰写书评和述评。在职业生涯早期，科技人员也可能受邀撰写书评。不管从事科研工作的资历如何，科技人员都可能会需要撰写与编辑的来往信件，而这些信件也可能被发表或公布出来。

上述的这几种写作形式都要求科技人员表达出自己的意见观点，这些观点不是自身简单的看法，而是科技人员基于科学事实用缜密的语言表达出来的观点。尽管在阐述这些观点时可以在写作风格上有所创新，但写作者还是要像撰写科技论文一样使用缜密的结构和语言，在表达科学观点时，应该做到逻辑严密、证据充足。简而言之，科学观点的撰写明确体现出了科技人员的科研思想。

书　评

科技图书无处不在，如教科书、参考书、科技专著、大众读物等。许多期刊、杂志和其他出版物还发行有关科技图书的评论性文章，即书评。书评不仅能帮助读者选择应该阅读或查询的图书，还能为读者提供被评论图书的主要内容。书评还能够为图书的作者和出版商提供有用的反馈，并对以后的相关主题的作者提供有益指导。针对其他媒体（如期刊、电子刊物）的评论性文章同样具备这些特点。不论针对的是图书还是其他类型的媒体文献，评论的原则大体上都是一样的，因此，撰写书评的方法和步骤同样适用于撰写其他类型的评论性文章。

书评的编辑一般都会主动联系合适的书评撰写人，但是如果有合适人选主动提出撰写书评，编辑也很乐意接受。如果书评撰写人与待评论的图书存在利益冲突（例如书的作者是书评撰写人的亲密同事），此人就不应主动提出为此书撰写书评，也不应该接受书评撰写邀请。

好的书评既要描述被评论图书的内容，还需要对图书的内容进行评价。书评要清楚回答的问题包括：该书的写作目的是什么？该书是否达到预期的写作目的？该书的写作源头是什么？作者或编者的背景是什么？该书包括哪些内容？是如何组织全书的内容？该书的主要观点有哪些？如果该书颇具特点，这些特点是什么？该书的优点、缺点是什么？与同类图书相比，或与该书早期版本相比，该书有什么不同？该书对什么类型的读者有帮助？

一般情况下，要回答上述问题，书评撰写人需要仔细阅读全书。但是，有针对性地挑选重要内容来阅读则是更加可行的方案。如果采取这种做法，可以考虑借鉴一些在平时科研设计工作中而使用的工作方法。

为方便写作，在阅读被评论图书的时候最好做些笔记，有了看法和观点也应该立刻记录下来。为了把思路更好地组织起来，向他人讲述被评论图书也是个不错的方法。

尽管有些期刊要求书评的结构统一规范，书评中的各部分内容采用标准化的标题，但是一般来说都可以由撰写人自行确定书评的结构。一种行之有效的书评格式是常被用于科技论文的 IMRAD 格式（即 introduction，methods，results，and discussion 导言、方法、结果、讨论）的变体。这种书评格式中，“导言”部分给出对被评论图书的总体评价，“结果”部分描述被评论图书的主要内容，“讨论”部分对被评论图书给出深入评价。如果逐页通读了全书，“方法”部分就不需要了，但是如果是有选择地阅读了被评论图书的部分章节，就在“方法”部分总结自己的阅读和评论过程。

书评不是图书广告，所以书评不应该对被评价的图书进行过多的赞誉，也不应该对被评价的图书和图书作者吹毛求疵和冷嘲热讽。书评应该做到客观合理，通过精准简练的内容介绍和总体评价，为书评的读者提供有有益的帮助。

述　　评

有些期刊会邀请科技人员撰写述评或其他形式的观点，科技人员有时亦会主动为报纸专栏或其他公众刊物撰写科技评论。

期刊上的述评分为两种：“观点式述评”和“说服式述

评”。“观点式述评”为在期刊上同期发表的科技论文提供解读信息，通常是由为该科技论文做同行评议的审稿人受邀撰写这种述评。这种述评的开篇通常都类似一篇微型综述，述评的结尾则像一个独立成章的讨论部分，指出被评论文的优点和不足，并指出被评论文的科研成果的意义。由于“观点式述评”要与被评论的论文发表在同一期期刊上，因此这种述评必须及时交稿，所以述评撰写人的交稿截止期可能比较紧迫。

发表在期刊或其他地方的“说服式述评”都旨在主张某一科学观点。根据读者的不同，“说服式述评”的撰写者可以选择不同的述评结构。如果读者大致同意作者所主张的科学观点，作者可以早点提出自己的观点，随后再给出支持观点的论据资料。如果许多读者起先可能并不同意作者主张的观点，那么作者可以先提出与读者有共识观点的部分，再给出一些支持读者不同意的观点的论据，最后阐明这些论据是如何得出作者所主张的观点的。不管采用哪种述评结构，在述评中都要同时包括对自己所主张的观点有利与不利的论据，以及与自己主张的观点相对立的观点。承认其他观点的存在、论证自己观点的正确性，比对其他观点和论据视而不见的做法更加科学合理。

有些期刊还会发表非约稿的观点性文章。撰写观点性文章的方法同撰写“说服式述评”非常相似，具体的写作要求可以查阅相应期刊的“稿约”。同样，如果打算投稿到报纸专栏或其他公众刊物，也应该查看相关网站或直接与相应编辑部联系以获知投稿要求。

致编辑的信

许多期刊还刊登“致编辑的信”，当然，不是所有写给编辑的信都会得以发表出来。

“致编辑的信”通常都是对该期刊近期刊登的科技论文发表自己的观点看法，因此，“致编辑的信”类似科技论文发表后的同行评议。有时，“致编辑的信”也会单独阐述该期刊读者感兴趣的专业问题，还有些期刊会将短小的研究报告或案例报道以“致编辑的信”的形式刊登出来。有时，如果编辑认为某篇论文不宜全文发表，也可能会以“致编辑的信”的形式刊登出该文的精简版。如果信件内容是针对期刊上刊登的某论文发表的评论，编辑部可以考虑对这封信做出回复，此回复亦有可能被期刊发表出来。

在撰写“致编辑的信”之前，要查阅相应期刊上的相关投稿指南（通常在期刊的“致编辑的信”部分或期刊网站上），一般会指出信件所允许的最多字数、包括的表格和图片数目、引用的文献数以及投稿方式。现在越来越多的期刊要求以电子方式投稿，有些期刊的网站甚至可以让作者在线提交“致编辑的信”。

如果“致编辑的信”是对一篇已刊登的论文发表评论，最好在该论文刊登后不久就向编辑部投稿。有些期刊会对其发表的论文给出一个有效评论期，在过了这个有效评论期后，期刊编辑部就不再考虑接收任何关于原论文的“致编辑的信”。如果“致编辑的信”是对已刊登的论文提出批评性意见，那么建议“致编辑的信”的作者应该采用建议性和礼貌的口吻（要知道，被你批评的论文的作者很可能是你下一篇投稿论文的审稿人或基金标书的评委）。同样，如果是回复批评自己论文的“致编辑的信”，不论自己当时面对批评的第一反应如何，在做出书面回复时都要做到心平气和。

对于“致编辑的信”，期刊一般都有严格的长度限制，所以应该措辞简练，并且遵从科技写作的要求。在“致编辑的信”

里，最好着重阐述一点（或是一组关系紧密的观点），并让信的内容紧密围绕这一观点。不论自己要传递什么观点或想法，都要做到有理有据。这样，“致编辑的信”才有可能成为科学文献宝库的有益补充。

（任英慧　译　顾良军　校）

第25章 如何撰写图书的章节或一部图书

我在写书，目前已经把书的页码都编好了。

——Steven Wright（史蒂芬·赖特，美国演员和作家）

如何撰写图书的章节

如果收到邀请与人合著图书，那么值得庆祝，因为这表明你在自己的研究领域已经有了一定的知名度。所以，有人邀请你撰写图书的部分章节时，如果你有时间好好准备这些章节并能及时交稿，那么就欣然接受邀请吧。如果你估计自己在规定时间内无法完成写作任务，可以推荐一位能够胜任该写作任务的同行。

如果答应撰写图书的部分章节，就要从编辑那里拿到明确的编写体例，要认真遵守编辑提供的编写体例。为了顺利按时出版全书，务必及时交稿，并且撰写的章节在内容、长度和格式等方面都符合编辑的要求。如果在写作时出现状况，可能延迟写作进程，那么应该尽早告知编辑，以便其对出版计划进行调整。

很多情况下，撰写图书的章节同撰写综述很相似。如果撰写章节是总结某一专题相关知识，那么可以参照本书第 23 章。写作前规划好该章节的内容和结构，能为写作节省不少时间。

交稿后，文字加工编辑可能致函作者，询问书稿在章节内容或观点方面的一些问题。作者还可能会先后收到书稿的修改稿和校样。为了不打乱图书的出版进程，要在各项事宜的截止日期前答复编辑部。如果在章节的筹备和出版期间你有相当长一段时间不能与编辑部保持联系，就应及早告知编辑，以便其安排对策。

为什么要写书或不写书

写书的理由有很多：写一本科技图书或学术专著能帮助科技同行；写一本实用手册能帮助同行或技术实用人士；写一本教材能大大帮助学生；写一本科普读物能激发大众读者的兴趣，也能启发其他研究领域的科技人士。

不写书的理由也很多：在大多数科研领域，最新科研成果大都以科技论文的形式发表的，所以在职业生涯早期花费大量时间写书就显得不大明智。同时，写书要耗费大量精力，如果没有考虑周全，那么不要**贸然**写书。

至于写书的经济效益，只有广泛使用的教科书或者科技畅销书才可能为作者带来可观的经济收益。而大多数的科技图书给作者带来的经济收益实在有限，有时甚至少于作者撰写书稿的开支。所以，只有单单希望自己精神获得满足的人，那么可以考虑出书了。

如何联系出版商

有时出版商会找到科技人员并邀请他们写书。科技图书的出版机构的编辑们会参加科技会议以了解科技发展动向，他们会主动与科技人员联系，邀请撰写图书。

如果自己想写书，就要留意哪家出版商出版过类似主题的图书，因为这些出版商最有可能接受你的书稿，也最能对书稿做出恰当修改或进行发行和推广。对于学术著作或科技图书，各大学出版社和商业性科技出版社是最佳选择。科普读物通常很适合通过商业性出版社来出版，一些大学的出版社也会出版面向大众读者的科技书籍。

不管出书的想法是出版商提出的还是作者提出的，作者都要向编辑部递交一份出版项目申请书，在获得出版商认可后再着手写作。通常，出版项目申请书中包括书稿内容的目录、书稿面向的读者群、章节样稿（样章）以及个人简历或履历。出版商在决定是否接受作者的出版项目申请前，可能会将该出版项目申请书送去同行评审。出版商还要做成本分析：如果预期经济利润少于图书出版成本，即便这本书各方面看起来都非常不错，出版商也很可能会拒绝出版。不过，其他专业性更强的出版商却有可能会出版这样的书籍。比如说一本书，科学意义重大但市场销量有限，商业性出版社可能会拒绝出版，而大学出版社却可能会同意出版。

不同于科技论文投稿，出版项目申请书可以同时递交给若干个出版商。如果一份出版项目申请书同时递交到几家出版商，那么应该知会各出版商。要出版专业性较强的科技书籍，可以直接将出版项目申请书递交到出版商；但是如果图书的销路可能非常好，最好通过代理人同出版商打交道。

如果出版商接受作者的出版项目申请书，会要求与作者签订出版合同。合同通常有若干页，注明将要出版图书的篇幅、最多可允许的表格和图片的数目、交稿截止日期、作者所得版税、电子版权等条款。应该仔细阅读合同相关条款，如果觉得有必要更改合同，可以向出版商提出更改意见并争取达成共识。

合同并不能保证图书一定能被出版商出版。但是，只要作者能按照出版合同完成书稿，出版商就必须配合出版此书。出版科技图书不同于出版小说，科技图书的作者应在签署出版合同后再着手准备与写书相关的大部分工作。

如何准备书稿

签订好出版合同后，满心喜悦，可一想到马上就得面对完成几百页书稿的艰巨任务，满是担心。如果能把写作任务分成几段来分别处理，那么这个任务也就没那么可怕了。脑子里始终要记着全书的写作范围，但是在一段时间里，应该专注于撰写一个章节甚至一个章节的一部分。很快，作者会吃惊地发现自己已经写了不少页书稿。如果各个章节间没有明显的前后衔接关系，可以按照自己喜欢的顺序来安排各个章节的写作顺序。同理，即使是在撰写某个章节的时候，也可以自行安排章节中各部分内容的写作顺序。

期刊为投稿作者设立了《稿约》，图书出版商对书稿作者也设有《作者指南》。《作者指南》（有时可参见出版社网站）通常都会说明出版商对书稿格式、书稿中的表格和图片的设置等方面的要求及其他事项，例如经许可后方能重印版权所有的出版物。撰写书稿之前，应该仔细阅读出版商的写作指南。为方便起见，最好是列出关于书稿格式的主要要求，用彩色纸张打印出来，并张贴在很容易看到的地方。遵守出版商的投稿要求，能为作者和出版商节省不少的时间和精力。

撰写书稿需要大量时间，最好预留出足够时间用于撰写书稿。比如，在每周的日程安排表中预留出一些整段的时间用于写作；或者在一年里预留出一段时间专门用于撰写书稿；还可以同自己所在的学校或研究机构商量，确定是否可能安排学术休假来专门撰写书稿，或者在撰写书稿期间少承担一些其他的工作任务。

对事务繁忙的科技作者来说，有时忙得好几个星期没有时间撰写书稿，以至于完成一部书稿要费时几个月甚至几年，这使得作者很难保持书稿全文的在风格和语气上的前后一致。解决这个问题的一个办法是在每次接着写书稿时，花些时间阅读和修改已撰写部分。另外，完成书稿全文后，在修改书稿时也要注意全文的前后一致性。

请务必修改书稿。好书和好论文一样，都是修改出来的。有些作者喜欢写好一部分，接着修改这部分，边写边改，在全部书稿写好后再稍做修改；而有些作者习惯先将全部书稿写好，然后再从头到尾修改。不管选择哪种适合自己的方法，对书稿的修改都是必不可少的。

如果书稿中使用了作者不拥有版权的材料——比如曾经发表在别处的插图，那么应该获得使用该材料的许可，除非这部分内容的版权持有人声明可为公众使用。为获得使用某些材料的许可，作者可能要付出一笔版税。为书稿中的材料获得许可，这是书稿作者的责任，不是出版商的责任。但是，出版商通常会为作者提供相关建议，出版商的《作者指南》中也会提供征询许可所需要的信函样本。书稿作者应该尽早为书稿中所使用的材料获得许可，因为查明版权所有人、获得许可、得到书稿中可使用的插图等事宜可能要花费好几周的时间。

作者向出版商交稿后，出版商可能会将书稿寄出进行同行评议。不过在交稿前或交稿同时，作者自己也可以去征询同行评议：把书稿给本领域的专家和若干读者代表们去阅读，恳请他们坦率地发表意见。可能的话，同行评议人同意的前提下，在书稿的“志谢”部分向同行评议人表示感谢。在图书出版后，也应该向评议人馈赠书籍。

如何参与出版过程

在出版公司内部，作者的出书提议通常都交到负责相关领域新书出版的编辑手上。这位编辑（又称为组稿编辑或策划编辑）负责评审出书提议，解答作者撰写书稿过程中的问题，并监督对书稿的评审工作。书稿被录用，随后的工作就由另外一位编辑来负责，这位编辑（又称为生产编辑或制作编辑）负责书稿在修改和出版期间的相关事宜。

作者应该与编辑进行开诚布公的沟通，这对加快书稿出版很有帮助。在撰写书稿的过程中，如果对书稿格式、部分材料的获得许可、书稿内容的修改等方面存有疑问，应该向组稿编辑请教。早点获得编辑对这些问题的解答能为日后节省不少时间。如果不能赶上交稿截止日期，应尽早告知组稿编辑，以便编辑调整计划。同样，在修改和出版该书期间，如果无法及时校稿或者回答编辑提问，就应尽早告知生产编辑，以便编辑能对出版计划做出相应的调整。

科技书稿和科技论文一样，要接受同行评议。编辑在收到书稿后可能会做出一个初步评定，以决定这份书稿是可以直接送审还是应该先退回作者修改一遍。如果书稿可直接送审，那么作者也可以向编辑推荐该领域专家作为评审人。同行评审结束后，出版商再决定下一步计划。在大学出版社，这时一般会由专家委员会向出版社提出相关建议。

科技书稿和科技论文的一样，其评审结果不外乎以下四种：通常情况下，书稿通过评审但需要做一些修改；少数情况下，书稿不需修改就可以完全接受；有时书稿需要做重大修改，修改后的书稿将重新接受同行评议；如果书稿离预期目标有较大差距，那么则无法接受该书稿。

常见的评审结果是对书稿做一些修改。这种情况下，编辑会告知作者如何开展修改工作。一般情况下，作者会收到审稿人的评审意见，还会收到编辑的修改建议，比如哪些评审意见重要、哪些评审意见次重要、如何处理相互矛盾的评审意见等。编辑还会给出修改进度表，要求作者在某个期限前完成书稿的修改。

书稿完成修改后，下面就进入制作阶段。在此阶段，文字加工编辑负责编辑加工书稿，设计人员负责图书的设计，最后，书稿就可以正式印刷出版了。

很多时候，负责编辑书稿的文字加工编辑是自由职业者。这些文字加工编辑熟知作者的研究领域，因此他们在编辑加工书稿时，相比出版商的文字加工编辑更有经验。通常在负责书稿出版的生产编辑协调下，作者与身为自由职业者的文字加工编辑进行联系。文字加工编辑将修改后的书稿连同一些与书稿相关的问题 一并交给作者。作者要在指定的时间里检查文字加工编辑修改过的书稿，并在给定时间解答或更正文字加工编辑指出的问题。

作者收到文字加工编辑修改后的书稿之外，还会在随后收到书稿的校样。收到书稿校样后应立刻仔细校对，要特别注意校样中是否有内容的遗漏，对修改稿所做的修正是否在校样中正确输入，表格和插图是否放在校样中的正确位置。不过，应该注意，这时不要对校样做任何不必要的修改。

目录对科技书籍至关重要。校样的校对工作完成后，出版内容和页码确定，所以这时可以制作书稿目录了。有些作者自己制作书稿目录，有些作者聘请专业的目录制作人员来制作目录。制作目录是一项技术性很强的工作。与作者自己动手制作目录相比，使用专业的目录制作人员能制作出更为实用和美观的目录，也能节省不少时间。如果希望聘请专业的目录制作人员制作目录，那么出版商有责任联系和聘用称职的目录制作人员来完成目录制作工作。有时，出版合同上会注明由出版商承担目录制作的费用。如果是作者自己支付目录制作费用，出版商可能会从作者的版税中扣除，而不会让作者自己直接支付这笔费用。不管怎样，花钱制作专业的书稿目录还是物有所值的。

如何帮助推广图书

一家好的出版商应该在图书市场营销方面有自己的经验和手段。为了做好图书的市场推广工作，出版商要多了解作者的相关信息。作者可能会收到出版商的《作者调查表》。《作者调查表》要求作者列出对该书感兴趣的科技团体、适合售书的会议、适合发表该书书评的刊物、适合为该书发表评论意见的人士等。调查表可能还会调查作者本人的情况或任何有助于图书销售的信息。所以，要耐心而认真地回答《作者调查表》提出的问题，因为这些答案能够帮助出版商的市场部门对这本新书进行推广，能使该书的潜在读者知道有这样一本好书。只有这样，图书才能达到应有的发行量。

越来越多的作者会参与图书行销，尤其是当他们的读者属于普通公众时。“今天，如果作者不愿意推销他/她的图书，我就不可能与他/她签约或为某个出版项目投资。”某大学出版社的一位组稿编辑如是云。“今日之世界已是 Facebook、YouTube、Twitter、博客等大行其道之时，我们要求作者积极把握每一个时机，通过谈话、演讲等途径不遗余力地让目标读者知悉其作品的存在。市场已越来越专门化、指向化。一位读者很可能在参加某些路边天文聚会时（star party），因为某本图书的作者恰好是受邀嘉宾而购买他/她撰写的图书；但已很少有读者会踱进某家 Barnes 和 Noble（均为美国的大型连锁书店——译者注），从数以万计的出版物中选出自己心仪的作品来。”

如果是面向大众读者的科普图书，出版商有可能邀请作者参与一些推广活动。比如，作者可能要接受电台或电视台的采访，可能要参加签名售书活动、播客活动、网络研讨会等，还可能要为发表在杂志上的图书摘要做一些相关工作。不管怎样，作者应该保持开放的心态并把握所有机会，有什么建议也应该随时向出版商提出。在为新书做市场推广期间，有任何问题应及时联系出版商的市场部门。

学术专著和科技图书的市场推广还有很大空间，尽管那些不分场合喋喋不休推销自己图书的作家令人讨厌，但科技图书的作者还（是）应该在合适的场合提及自己的新书。比如，如果邮件列表中的一个帖子询问的信息刚好在作者的新书中被谈及，就可以在回复该帖子时自然地提及自己的新书。这样，至少会让对此信息有兴趣的读者去图书馆查阅新书。毕竟，衡量科技图书优劣的指标除了发行量之外，还有是否能为读者带来科技知识和精神享受。

（刘 娟 译 顾良军 校）

第26章 科普写作

读者都不笨，他们只是不了解作者的研究领域和该领域的术语而已。所以，要为读者而写，而不是写好后强迫读者读懂。

——Alton Blakeslee（阿尔顿布拉克斯利，美联社科技记者）

为何要面向公众写作？

科技人员面向同行要写的论文已经够多了，为什么还面向公众写作呢？

有时，科技人员的研究项目或工作会要求他们为外行的读者写点东西。比如，有些研究生院规定研究生必须为毕业论文撰写一篇非技术性的总结才准予毕业。如果要讲授某一领域的导论性课程，备课内容应主要面向大众。

有时，科技人员也愿意为公众写作，因为这样能让更多的普通读者获得知识。为公众写作的其他原因包括：为公众提供科技方面的有用信息，吸引更多的人投身于科技工作，唤起公众对科技工作的支持等。当然，为公众写作也能为科技人员带来额外的收入。

找到出版渠道

如果想面向公众写些文章，有哪些出版渠道可以使用呢？可以先查看一些自己喜欢的刊物（电子刊物或印刷刊物都行）。不要仅局限于面向科技同行的那些刊物，其他一些面向公众的期刊或者着重讨论某些热门主题的期刊，都可能发表与科技相关的文章。如果从未发表过面向公众的科技文章，可以先将写好的文章投到当地的期刊或者某些专门性期刊上，也可投到自己所在研究所的期刊。一旦发现自己确实具备能力撰写面向公众的科技文章，就可以考虑向更具影响力的大期刊投稿。

如果觉得某个期刊适合投稿科普文章，还要确定该期刊是否接受自由撰稿。例如，可以看看期刊上的文章都是什么人撰写的。如果所有文章的作者都是期刊报头上注明的成员，那么这家期刊就不大可能接受非成员的投稿。但是，如果期刊声明有些文章是由科技人员撰写的，就可以考虑向这家期刊投稿。

许多接受自由撰稿的知名刊物都提供《写作指南》，就像一般的科技期刊都有《稿约》一样。在撰写投向某家期刊的科普文章之前，应该在刊物的网站上查找或者向该刊物的编辑部索取《写作指南》。阅读《写作指南》时要提别注意该刊物接受哪些领域的科普文章、文章长度、写作风格、稿费、投稿地址等事宜。

通常，发表科普文章的刊物要求作者首先递交文章的写作计划，即问询信（query letter），而不用一开始就递交全文。这样，既方便作者也方便编辑：作者不用浪费时间撰写期刊根本不感兴趣的文章，编辑部也可以很快对作者的写作水平和作者打算投稿的科普文章做个评价。如果作者递交的问询信被采纳，那么刊物的编辑就会协助作者充实并修改相关文章以适应刊物的要求。

问询信要简短，一般不超过一页。为了解释清楚自己要撰写的科普文章，要在信中解答一些问题：文章主旨是什么？文章主要讨论的是什么问题？为什么读着会对这个问题感兴趣？文章中的信息和数据来自何处？文章结构如何组织？文章会用到什么图片或照片？在信件结尾处，要用一段的篇幅总结自己的资历。如果以前没有在这家刊物发表过文章，应列出自己以前发表的科普文章。若要了解更多的关于问询信的信息和有关撰写科普读物的详情，可参阅 *You Can Write for Magazines*（Daugherty，1999）和类似《读者文摘》这样的杂志。

在为杂志、网站或其他刊物撰写科普文章之前，应该阅读一下目标刊物上已发表的科普文章，这样就知道自己的文章是否适合在上面发表。要注意这些刊物上已发表的科普文章的段落有多长，用词是否正式，是否用小标题，文章里是否使用列表等问题。就像撰写科技论文一样，撰写科普文章的时候必须考虑如何让文章更容易被录用。

吸引读者

科技期刊的读者一般都对期刊上论文研究的课题感兴趣，或者一般对科学技术有浓厚的兴趣。所以向科技期刊投稿的作者除了要在论文中提及所研究课题的重要意义之外，几乎不用做什么额外工作来吸引读者的注意。

撰写科普文章时的情况有所不同，作者要做更多的工作来吸引读者。吸引读者的关键在于要了解读者群。公众是巨大的读者群，所以要知道自己的文章到底是面向哪一类的读者。正如不同网站的用户有不同的目的、不同电台的听众具有不同的收听爱好一样，不同的科普刊物的读者也有不同的阅读兴趣。要预先了解目标期刊的读者的阅读兴趣，再基于读者的阅读兴趣来撰写科普文章。

暂且不讨论其他兴趣，大多数读者都对人感兴趣。所以在文章中要善于提及相关的人物以激起读者的阅读兴趣。比如，在文中告诉读者是谁做了这项研究，谁使用了这项技术，或是谁接受了这项实验或治疗。还可以在文中提及动物，因为大多数人也喜欢动物。

还可以在文章中引用他人的话。这样做，既可以激起读者的兴趣，又可以通过不同人的视角和生动的话语来吸引读者。当然，不管作者对正在撰写的科普文章的内容有多么熟悉，如果想在文中引用他人的评论，就要对他人做些访谈。

通常，人们还喜欢既有利益冲突又能制造悬念的故事。所以，在撰写科普文章的时候，可以描述一些故事。比如，告诉读者某项研究是如何开展起来的——不要忘记讲一讲研究工作中遇到的困难。也可以用一些趣闻轶事来补充自己的观点。

科学充满神奇，要善于在科普文章中利用这一点来激发读者的好奇心。太多的把戏会将科学庸俗化，但一点小技巧却可以让文章生动起来。

同严肃的科技论文不同，科普文章里可以玩一些文字游戏或使用幽默的字句。比如，如果很善于使用双关语，那么可以在科普文章里一显身手。不过使用双关语或讲笑话时作者要确保读者能看懂，千万不要说一些读者根本无法理解的笑话。

要考虑文章的视觉效果。期刊、网站和电视台都希望使用照片和图片来吸引观众，即使是无线电台也能通过口头描述视觉效果来吸引听众。如果要在科普文章中使用照片或图片，那么投稿刊物的编辑会告知是需要作者本人提供照片或图片，还是只需要提供相关的创意。

要让文章读起来有意思，还要注意控制文章的节奏。把科普文章想象成一块加了巧克力片的饼干。如同人们喜欢每咬一口饼干至少都能吃到一小块巧克力一样，读者希望阅读文章时每隔几个段落就能读到一些很有意思的内容，比如有趣的话语、生动的故事或是适当的比喻。这样，就像人们总想再咬一口有巧克力片的饼干一样，读者也会很有兴趣读完全文。

表达清楚

大多数帮助作者吸引读者的方法都有助于表达清楚文章的意思。比如，根据文章的读者群来撰写文章、使用贴切的比喻、提供照片或图片等，都有双重作用。在文章中用例子来支撑作者的观点也能起到既吸引读者又表达清楚文章意思的作用。

公众可能对作者所属研究领域中的一些专业术语并不熟悉，所以在科普文章中要尽量少用专业术语。如果出于文章内容需要或者为方便读者日后阅读，文章中一定要用到一些专业术语，应给出这些专业术语的定义。如果不想用专业术语吓退读者，可以在文章中先一般性地介绍某专业术语，再给出该术语的专业名称，还要记得给出略语的具体含义。对于作者来说，“PCR”可能是日常研究中经常用到的一个术语，但对读者来说就可能毫无意义。

要组织好文章结构以表达清楚文章的内容。比如，应该先讲整体情况，再讲细节内容，还要给出各个概念间的联系。此外，还应重复提及文章中的重要观点。

文章中还应列举数据，公众通常喜欢看到具体化的数字。不过，列举数据时要让读者能看明白。如果读者不熟悉公制单位，应在文章中使用英制单位。还可以将数据与公众所熟知的日常事务联系起来。不要一次性给读者灌输太多的数据；最好在列举一些数据之后给出一些有趣的故事或例子，这样读者阅读起来就不至于太费力。

有时，读者对科技知识有所误解。要纠正读者的错误想法又不至于显得盛气凌人，那么应该采用这样的方法（Roman，1990）：首先，陈述一下人们通常持有的观点以及该观点易为人们所接受的原因，然后指出该观点的不足，最后，给出有科学依据的观点及解释为什么这种观点是正确的。

当然，在撰写科普文章的时候应遵循本书其他部分给出的写作原则。比如，应尽可能使用简洁直接的语言，尽可能使用结构简单的句子，尽可能不出现冗长的段落。

最后，在投稿之前最好征询读者的意见。可以将文章的草稿交给不从事科研工作的朋友、邻居或家人阅读，看他们觉得文章有哪些地方写得有趣，有哪些地方写得很清楚或不清楚。根据这些人的意见修改文章之后，再将文章投稿。

仿效佳作

很多书籍和论文都给出了撰写科普文章的指导，比如 Blakeslee（1994）、Blum & Knudson 和 Henig（2006）、Gastel（1983）、Gastel（2005）、Hancock 2003、Stocking（2011）。

此外，为了写出更好的科普文章，可以仿效已发表的科普佳作。在哪里可以找到这些科普佳作呢？许多报纸和杂志上都发表过科普文章，一些畅销书也是科普书籍。还有一些非常优秀的科普文章甚至获得各种国际新闻大奖，这些大奖的网站会将获奖作者的名单和作品列举出来，有时还会给出相关链接。自 2000 年起，每年都有 2 本科技论文选集出版。一本由 Ecco 出版，叫作《美国最佳科技论文写作》；另一本由 Houghton Mifflin

Harcourt 出版，叫作《美国最佳科学自然写作》。要购买当下流行科技成果的作品。不管是否对科普佳作的内容做仔细分析，有志于科普写作的人员都能通过认真学习科普佳作的写作风格，获得撰写科普文章的有益知识和技巧。

（陈 博 译 张 健 校）

第六部分

会 议 交 流

第 27 章　如何口头推介论文

小声说，慢点说，不要说太多。

——John Wayne（约翰·韦恩，美国电影演员）

如何获得推介论文的机会

推介论文的第一步就是获得推介论文的机会。有时科技人员可能会收到推介论文的邀请。但是，如果想在大型会议上得到推介论文的机会，就得主动出击，向会议主办方递交拟推介论文的摘要。会议主办方通常都会为作者提供递交摘要的表格，一般可以通过因特网下载和提交这些表格。递交到会议组的论文摘要要接受同行评议。对于优秀的论文摘要，会议主办方会通知作者为论文准备口头推介。对于那些意义并不重大但研究工作做得比较扎实的论文，会议主办方可能会通知作者准备海报来推介论文。有些会议甚至对口头推介和海报推介采用单独的申请和录用程序。

摘要的同行评议人只是基于投稿的摘要来判定该论文是否有在大会上做口头推介的价值。所以一定要认真准备摘要，并遵循会议主办方对摘要的各项要求。摘要措辞要简洁明了，这样即使内容很短，也能清楚表达重要的信息。尽管很多时候会议主办方允许的摘要长度比一般的论文摘要要长，但还是必须遵守字数的规定。如果摘要中允许出现表格或插图，务必遵守会议主办方对图表的要求，不要超过允许的表格和插图数目。摘要的结构也很重要，摘要中的内容通常采用科技论文一样的排列顺序。摘要的语言一定要清楚易懂，因为评审摘要的审稿通常都很忙，要评审很多的摘要，所以他们不可能在一篇摘要上花费很多时间来捉摸字里行间的意思。当然，务必要在截止日期之前递交摘要。如果能在摘要中清楚而有效地展示自己所做的研究工作，那么很快就会有机会在会议上口头推介自己的论文。

论 文 结 构

口头推介论文时采用的结构同撰写科技论文时采用的结构大致是一样的，即从阐述“研究的是什么问题”开始，到“解决方案是什么”结束。但口头推介论文并不等同于正式发表。最大的不同就是正式发表的论文中必须给出完整的实验步骤，以便他人可以重复这些实验。但是口头推介论文时就不用也不应该给出实验的所有细节，除非希望对会议听众进行催眠。在口头推介论文时也不要大量引用文献。

推 介 论 文

大多数口头推介都很简短（许多会议规定口头推介一篇论文的时间不得超过 10 分钟）。因此，相比书面发表的论文，口头推介的论文中的理论性内容必须删减。不管论文结构有多好，在口头推介的短短几分钟给出太多观点会让读者不得要领。所以，在做口头推介时主要着眼于最主要的观点或研究成果。事实上，很难在口头推介论文时把所有的观点都陈述出来。

当然，有一些会议允许口头推介论文的时间比较长。座谈会上允许的时间通常是20分钟，有些甚至更长。研讨会上允许的时间通常是1小时。很明显，时间越长，可以推介的内容越多。不过即使是这样，也要记住不要一下子给听众灌输到太多的信息，重要的是仔细推介几个主要的观点。如果一下子讲得太多、太快（特别是在推介开始的时间里），听众会摸不到头脑，没听一会儿就开始跑神，想要传达的信息也就根本无法为听众所吸收。

会议主办方对口头推介论文的时间限制都非常严格，所以在准备口头推介的时候要严格遵守时间要求，以免站在台上还没来得及陈述自己的主要研究成果就被大会主席赶下台。可能的话，准备口头材料时要将时间控制好（比如，规定推介时间是10分钟，在准备时只使用9分钟或9分30秒），这样就为在大会上进行推介时出现的一些不可预见的拖延留有余地。在真正推介之前，多演习几遍，以保证推介留有余地。在推介过程中要留意时间。一个好办法就是在正式推介之前标注好在什么时间之前必须讲完哪部分内容；这样，在推介过程可以根据实际情况对推介速度和内容；这样，在推介过程中可以根据实际情况对推介速度和内容进行调整。

做口头推介时还要注意几点：讲话要清楚，不要讲得太快（特别是在英语并非所有听众母语的情况下）。做推介的时候要目视听众，要对推介的内容表现出应有的激情，不要做那些令听众分神的小动作，如玩弄口袋里的硬币，或是不停地说“um”、“you know”等口头禅。为了准备得更加充分，可以在演习时摄像，这样可以方便纠正自己在口头推介时所犯的错误。

怯场情绪是困扰作者做好推介的常见原因。可以考虑采纳这些建议：充分准备，但不要过分准备。推介前如果感觉紧张，可以散散步或在会议的宾馆里做些运动。推介前不要吃太多的东西，也不要喝太多的饮料。不要让听众看出自己的紧张情绪。比如，如果紧张得手不停抖动，那么就不要拿激光笔进行讲解。推介用不着十全十美；最重要的是讲清楚，坐在下面的听众并不是来评价台上坐着的演讲风格的，他们来听论文推介只是因为对推介报道的研究工作感兴趣。

幻　灯　片

在非正式的小型科技会议场合，会议主办方通常会为推介人提供多种视觉辅助工具。投影仪、活动挂图甚至黑板，都是非常有用的视觉辅助工具。不过，在大多数的科技会议上，最常用的视觉辅助工具还是 PowerPoint 演示稿或其他各种幻灯片。每位科技人员都应该熟知如何准备有效的幻灯片并对其恰当地使用。但是，许多科技会议上的科技人员却明显在这两方面有欠缺。

制作幻灯片时有几点需要注意。首先，幻灯片应该是专门为口头推介准备的，幻灯片上的字体要足够大以方便坐在会议室后排的听众看清楚。把期刊上论文的图片直接粘贴在幻灯片上的效果一般都不好，而且也难以看清。把期刊上论文的文字直接粘贴在幻灯片上的效果也都不好。

幻灯片上的内容不能过多。每张幻灯片上只应放置一个观点或是总结几个观点。为方便听众看清幻灯片上的内容，可采用粗体圆点做标注，而不要采用大段文字。如果听众在 4 秒钟之内不能够领会一张幻灯片的内容，那么说明这张幻灯片制作得非常糟糕。

还要注意不要准备页数太多的幻灯片。幻灯片数量适中有助于口头推介，数量太多反而会分散推介人和听众的注意力。如果在一张幻灯片中给出插图或表格，就应该向听众解说插图或表格包含的信息或意义。一位听众就这样抱怨，“Don't just point at it.”（“不要光指着幻灯片上的内容而不作任何解释。”）

要善于使用插图和表格。如果有些研究成果用图片或表格都能表述出来，那么在口头推介的时候最好还是采用图片的形式，这样能帮助听众很快抓住要点。

如果会议室事先准备好了口头推介时要使用的听力和视觉辅助设备，就可以在正式推介前检查一下准备的幻灯片是否可以在会议室正常播放。应该比听众提前到达会场，检查投影仪是否正常，检查幻灯片是否能正确投影出来，检查会场灯光等。如果做推介时要使用麦克风，也应该检查麦克风是否正常。

一般情况下，每张幻灯片上的内容都应该简洁易懂。放映幻灯片时，幻灯片上的内容应该能对口头陈述的内容作补充，而不仅仅是简单的重复。除非是为了克服语言障碍，否则不应再做口头推介时逐字逐句照读幻灯片上的文字。

经过深思熟虑后精心准备好幻灯片，再加上会议上的熟练演示和陈述，必然对宣讲和交流科技成果有很大帮助。而科技人员纵然像古罗马政治家西塞罗（Cicero）那样能言善辩，面对设计糟糕的幻灯片时也只能一筹莫展。

听　　众

在科技会议上口头推介论文是一个双向的沟通交流过程。由于在科技会议上推介的论文所揭示的发现或成果很可能是首次公开，因此要清楚而有效地传达论文的主要内容和观点，以便听众理解所推介的论文，并能从中有所获益。

绝大多数情况下，口头推介的听众相比科技论文的读者背景差异性更大。所以，口头推介论文时用的口吻不必像书面论文的专业性那么强；口头推介时不要给出太多的技术细节；对推介中出现的术语要给出解释说明；使用不为读者熟知的缩略语时要特别小心；对较难理解的概念多做解释；重述推介中的重要观点。

正式推介之前在同系或同实验小组的成员面前演习口头推介论文，可以帮助纠正很多问题，从而让糟糕的推介获得成功。

要让口头推介这个沟通过程更加有效，听众也有一定的责任。听众的首要责任就是表现应有的礼貌。推介期间听众应该保持安静，认真倾听。听众听得聚精会神，作者在推介时就更加投入；如果在推介期间听众吵吵闹闹甚至干脆睡着，那么作者也没有心思再继续推介下去。

口头推介最精彩的部分当数“提问与回答”环节。在此期间，听众可以就作者推介时没有解答的问题提问，也可以给出支持或反对的观点与证据。听众在提问或阐述观点时应该采用礼貌和专业性的口吻，毕竟“提问与回答”环节不是用来给听众借机泄愤或炫耀学识的。听众当然有权利不同意作者的观点，但不能在会场制造争吵。简而言之，作者做推介时要为听众着想，听众在听取口头推介时要为作者着想。

提问与回答

在提问与回答部分，如果有的听众态度无礼该怎么处理？如果所提问题与推介主旨毫不相干呢？如果听众提的问题很好而你不知如何回答怎么办呢？

如果有的听众态度无礼，务必保持冷静和礼貌，在听完听众的提问或评论后要先感谢这位听众，如果有合适的答案，可以就该听众的提问或评论给出回答。如果这位听众对某个问题穷追不舍，可以提出在会后与其再进行讨论。

如果有的提问与推介主旨毫不相干，不妨学学政治家的聪明做法，那就是把听众的问题切换到一个自己想谈的话题上，或者是切换到自己没有时间在推介部分提及的观点上去（“That's an interesting question，but a more immediate concern to us was …”）。当然，也可以提出迟一些再回答该问题。

如果对听众的提问没有合适的答案，也不用惊慌，更不要信口乱答。直接告诉听众自己不知道如何回答这个问题。如果可能，可以告诉听众以后会给出这个问题的答案。如果知道如何找到问题的答案，那么就告诉读者如何找到答案。要对听众的提问有所准备，一个好办法就是在演习的时候让同事多提问。

如果推介的内容尚未在刊物上正式发表，那么应该对听众提问和评论做记录（或是请同事帮忙记录）。听众就好比是作者研究工作的早期同行评议人。在将推介的内容写成科技论文的时候，多回想一下作口头推介时听众的提问，这会对论文有不少帮助，从而增加论文被期刊录用的机会。

（陈　博　译　张　健　校）

第28章 如何制作海报

要能将信息浓缩成简洁明了并易为观众理解和记住的海报，需要聪明和才智。那些版面复杂、内容太多、无法阅读的海报只能显示作者的无知和自大。

——Mary Helen Briscoe（玛丽·海伦·布里斯科，美国科研论文插图专家）

海报的流行

近十几年来，海报（poster，或译“墙报”、“壁报”）在国内和国际会议上使用得越来越多。海报已成为科技人员陈述研究工作和演示研究成果的展台（海报是科学家用来描述其所作的实验以及研究成果的一个展板）。由于出席会议的人越来越多，会议组委会在安排口头推介论文时面临的难题也越来越多。大型年度会议，像Federation of American Societies of Experimental Biology在举办年会时等，所有的会议室在年度会议期间都被占用，但还是不够用。即使有时会议主办方提供了足够的会议室来安排口头推介，但是由于许多口头推介安排在同一时段，与会的科技人员仍无法兼顾同时举行的口头推介，也就错过了向同行学习和进行讨论的机会。

处理这个问题的最早办法就是一旦录用的论文篇数达到会议室容许的数目，会议委员会就不再录用论文。随着海报形式的兴起，当录用论文的篇数达到会议室容许的数目时，会议委员会就会通知那些原本要被拒稿的作者，将以海报的形式在会议上展示科研成果。早期的海报都是张贴在酒店或是会议中心的过道上。相比被拒稿，很多作者（特别是期望获得机会展示自己的第一篇科技论文的研究生）还是很高兴有机会利用海报来展示自己的研究成果。年轻的科技人员成长的年代正是科技会议蓬勃发展的年代，所以他们也喜欢海报这种展示科技成果的形式。

现在，海报展示已经成为许多科技会议的正式组成部分。大型会议会专门安排宽敞的场地来方便作者展示海报，有些会议甚至会展示成千上万张海报。一些小型会议甚至鼓励作者在海报中用图表等形式来表现，这比短短 10 分钟的口头推介效果更好，也能得到更多深入的讨论。

随着海报成为众多科技会议的一部分，准备海报时要遵守的规则也越来越严格。在给定场地中要放置大量海报，显然会议主办方必须声明制作和展示海报的种种要求。

应该在清楚了解会议主办方对的要求后才准备海报。必须清楚海报的长度和宽度，最小字体以及阅读方向（通常从左至右）是已明确规定的。会议主办方一般会把海报的要求寄送给要准备海报论文的作者，会议网站也会公布海报的相关信息。

海报的结构

海报内容的结构一般需符合科技论文的 IMRAD（introduction, methods, results, discussion）格式，但是，准备海报时要记得插图设计和文字简洁性方面的一些问题。事实上，优秀海报的文字并不多，大部分篇幅都用于放置图片和表格。内容通常竖向排版在三到五个专栏里。不要在海报上附摘要，除非会议主办方特别要求。海报内容本来就和摘要一样介绍得很宽泛，所以在这里摘要就显得很多余并且浪费空间。海报中，尽量用粗体或者编号来说明要点，如果一定要用段落说明，那么一定要简明扼要，适于读者阅读。

海报中引言部分要言简意赅地指出所研究的问题，好的海报一开始就要指出研究目的。方法部分要剪短，用一两句话描述清楚所使用的研究方法。科技论文中结果部分的篇幅是最短的；但是在优秀的海报里，最长的部分就是结果部分。事实上，海报的大部分篇幅都用于展示研究结果。讨论部分也很简短；有些海报甚至还不用"Discussion"这个标题，而只是在"Conclusions"标题下用粗体圆点来标注简短的话语作为结论。海报中要尽量少引用文献。

制 作 海 报

准备海报前的第一步就是向会议主办方递交论文摘要。就像做口头推介前的摘要写作一样，要精心准备论文摘要才有可能获得在会议上以海报展示论文成果的机会。摘要必须符合会议主办方的要求，要简洁易懂，方便同行评议。撰写摘要前，要预想一下如何用海报来展示自己的科研工作。最好挑选研究工作中成果比较集中并易于用海报展示的部分去投稿（Mitrany, 2005）；在摘要中报道太多的研究成果会导致随后设计出来的海报版面拥挤，内容混乱。

要根据会议主办方的安排对自己的海报编号。海报的题目要简短，最好还能激发观众的兴趣。太长的题目放在海报上不合适。题目要能让观众在 3 米远的地方看清楚；题目应该采用粗体黑色字体，字号至少是 1 英寸（约 25 毫米）那么高。作者名字以稍小的字体放在题目下面。海报正文的文字应该足够大以方便观众阅读。正文中尽量少用大段文字；可能的话，多用粗体圆点或编号来标注正文内容。

海报的内容应该具有自明性，可以让不同层次的观众读懂。会场上如果作者的大部分时间都用于解释海报上的内容而不是回答观众的提问，那么海报就做得很失败。

在海报上务必流出一定的空白。版面过分拥挤只会令人望而生畏。排版时尽量做到内容一目了然。视觉手段能对海报产生效果。因此，如果没有艺术细胞，可以考虑向懂得绘图艺术的朋友求助。

海报一定要突出重点，这样路过海报的人很容易判断自己是否对海报感兴趣。如果观众感兴趣，他们很可能会向作者提出获取论文的细节信息。最好能准备一些给出论文细节信息的传单，对论文感兴趣的同行会很感谢作者的这一做法。

要展示复杂的研究成果，海报可能比口头推介更为合适。在海报中可以突出多个研究成果或观点，这样观众可以清楚地获知海报所展示的各个研究成果或观点，也可以很容易进一步获得各个成果或观点的细节。而口头推介正如前面一章所述，更适于作者展示单一的结果或观点。

海报还有一个优点，就是可以使用多种图片和表格。发表在期刊上的科技论文经常受颜色限制，而准备海报的时候完全没有颜色限制。可以在海报上使用各种照片、图片、素描、油画、X 光片、地图甚至漫画。

准备好海报后还要仔细检查。要确保所有插图和表格都有正确的标注。作者本人要对海报正文做校对，同时也要请他人帮忙校对，以免发生到会议现场才发现海报中把论文和作者名字拼写错误的尴尬局面。如果搭乘飞机去参加会议，应随身携带准备好的海报，不要把海报放在托运的行李中，因为托运行李可能在会议结束后才抵达。有位作者去参加在 San Jose（圣约瑟市）举办的国际会议，但他放在托运行李中的海报却被送到了 San Juan（圣胡安市）了。

科技会议上出现了很多优秀的海报。有些科技人员确实有不错的艺术创造才能，他们为自己所从事的研究工作感到自豪，也很高兴把自己的研究工作用美观的形式展示出来。

科技会议上也有很多糟糕的海报。有些海报设计得很差，但大部分糟糕的海报是由于作者企图在海报中塞入太多信息而造成的。大段文字（特别是如果文字的字体很小）根本没法让观众阅读。观众喜欢的是设计简洁并配有合适插图的海报，没人愿意看版面拥挤、废话连篇的海报。

海 报 推 介

海报推介，顾名思义，既有海报又有推介。通常，海报放在会议主办方指定的地方做展示，作者要站在海报旁边与感兴趣的观众交流。因此，设计出好的海报还只是踏出了成功推介海报的第一步。

站在海报旁边的时候要落落大方，毕竟这时候躲到海报后面或盯着自己的鞋子很不合时宜。要事先预想好观众可能会提出的问题，也要想好如何回答这些问题。有机会的话，也可以向观众提问。要充分利用海报推介这个机会获得同行的反馈，也要充分利用这个机会来建立与同行之间的联系。与你交谈过的观众很可能成为日后的合作伙伴甚至老板。

推介海报时应该穿什么呢？某些会议上要求海报的作者必

须穿着西装，其他会议可能就很随便了。如果有疑问的话，可以询问了解要求的同事。一项非常贴心的小研究发现（Keegan & Bannister，2003），穿着鲜艳可以吸引更多的人来观看海报。

如前所述，最好准备一些传单以便更详尽地介绍海报上的研究工作。还可以在手头上备一些海报的打印稿和反映自己所做的相关研究工作的科技论文。如果手头资料散发完了或者观众所要的资料碰巧自己没带来，可以索取观众的电子邮件以便日后将材料寄给他们。有时，有张名片在手也会非常有用。如果自己正在寻求一份研究院的工作，随身携带简历也是不错的选择。

简而言之，要充分利用科技会议中的海报环节所提供的交流机会。一旦有机会同科技同行打交道，就应该尽力宣传自己和自己的研究工作。

（陈　博　译　张　健　校）

第 29 章　如何撰写会议报告

会议：一些重要人物的聚会，这些人单独的时候什么都干不了，但聚到一起就认为无所不能。

——Fred Allen（弗雷德·艾伦，美国广播演员、幽默表演家、电影演员）

定　义

会议报告可以有多种形式。然而我们可以事先做一些假设并由此展开来表述一篇典型的会议报告。

当受邀出席科技会议（代表大会、讨论会、研习会、小组讨论会或研究会），并且主办方要在会后发表会议论文集时，研究者就要考虑如何撰写会议报告了。这时，就要放下手头的事情，停下来问问自己、会议主办方或编辑一些关于会议论文的问题。

经常令人困惑的一个重要问题就是会议论文集是否算作有效发表。如果与会者在会上公开了之前未发表的研究成果时，应该弄清楚发表在会议论文集上的研究成果是否已经得到有效发表；如果是，以后就不能在其他期刊上再发表该研究成果了。

目前人们倾向于不将会议论文集视为有效发表。这主要是基于以下三方面的考虑：①大多数会议论文集只印刷一次，发行量小、流动面窄，不符合有效发表的基本要求。②大多数会议论文集要么是评论性文章（不符合有效发表的要求），要么是早期研究报告（只给出一些尝试性和非结论性的早期实验结果，这些实验成果的重要性不足以被有效发表）。③会议论文集通常情况下不会经过同行评议，或者只需满足最基本的编辑要求。因此，由于缺乏质量控制，会议论文集在知名出版社眼里都是非有效发表。(当然也有例外。一些会议论文集经过严格的同行评议和编辑，这些会议论文集的知名度不亚于同领域的核心期刊。事实上，一些期刊中专门为会议论文集留出几期版面)。

弄清会议论文集的性质非常重要，因为据此能判断自己的研究成果是否会被埋没在非有效发表的会议论文集中。会议论文集的性质也决定了应该如何撰写会议论文。如果会议论文集算作有效发表的刊物，就要按照期刊论文的格式来撰写会议报告，要给出全部的实验细节，并像为核心期刊撰写论文一样在报告中包含相近的研究结果和讨论。

反之，如果会议论文集不算作有效发表的刊物，写作风格就会与期刊论文的格式截然不同。有效发表文献的一项基本要求就是可复制性，但是会议论文集就不需要考虑这一点，它不需要包括材料和方法部分。会议报告中当然不需要为同行重现实验而提供所必需的复杂细节。

会议论文集也不要求在报告中给出文献回顾，作者可以在后期可能发表的期刊论文中分析讨论相关研究信息。会议论文集中只需要为读者提供在会上发表的新进展和初步思考。只有在主要期刊才严格要求所有细节。

格　　式

如果投稿的会议论文集不属于有效发表的期刊，那么会议论文集与通常的科学研究文献有何不同呢?

会议报告的篇幅一般为1～2页纸，字数为1000～2000字。通常情况下，会议报告的撰写人可以从组织方那里获得投稿要求，如"投稿不超过5页纸，双倍行距，任何格式的插图（表格、图片或照片等）不超过3个"。

如今的会议论文集都有电子版本，要么是替代原来的印刷版本，要么作为对印刷版本的补充。但不管是电子版本还是印刷版本，会议论文集的格式要求都是一样的。

陈述新观点

如前所述，会议报告因为不需要包括实验细节和文献回顾，行文可以相对短小。此外，会议报告中的实验结果也会以很简要的形式出现。由于完整的实验结果可以在以后发表在主要期刊上，因此在会议报告中只要给出实验结果的主要部分。

另一方面，会议报告可能会包含不少推论或研究计划。主要期刊的编辑部都不喜欢看到论文中没有数据支持的理论和推论。但是会议报告作为对早期研究结果的汇报，自然允许甚至鼓励在文章中出现推论、假设和未来研究计划。

科学会议经常是令人振奋的，因为它们可以作为陈述和分享最新研究观点的平台。有些观点确实非常新颖，但由于没有经过缜密的科学检验和测试，这些观点可能站不住脚。因此，典型科学会议应该具有回音壁的作用。严格的编辑过程和同行评议对于有效发表的科学文献来说非常重要，但对科学会议报告来说就不是很适用了。

由于会议报告中经常包含新奇的观点，所以备受欢迎，因此需要及时提交。有些时候，会议开始前报告就需要完成。但有些时候则会在会议结束后才完成，这样可以为撰写者提供补充会议间获得的要点的时间。但无论是哪种情况，都需要按时提交会议报告。一个按时提交的好办法就是在会前打好草稿，在会间趁着会议的内容还记忆犹新时对草稿进行加工。

因此，典型的会议论文集不需要采用核心期刊上科技论文常用的标准论文结构，即引言、材料与方法、结果、讨论。会议报告采用的是精简的结构：陈述待解决的问题；描述所采用的方法（但不用考虑细枝末节），然后简要陈述研究结论，附上不超过三个图表用以阐释。最后，讨论结果的意义，讨论时不妨做一些推断和假设。在会议报告中，也可以提及作者所在实验室或开展类似研究工作的同行实验室正在进行的研究工作。

编辑与出版

最后需要指出的是，会议论文集的编辑是会议报告的权威仲裁人。如果编辑为受邀出席会议者提供了《稿约》，在准备会议时就要遵守这个《稿约》。一般不用担心投稿被拒，因为会议报告一般不会被拒稿。然而，只要同意出席某一科学会议，就应遵守会议主办方制定的各项要求。如果所有的投稿人都能遵守会议要求，那么会议论文集上刊登的报告就具有一定的一致性，质量上也有一定的保证。

（王冠龙　译　张　健　校）

第七部分

科技论文的体例

第 30 章　正确使用英语

冗长的单词表达的都是琐碎的事物。所有重要事物的名字都短小精悍，例如生与死、和平与战争或者黎明、白昼、黑夜、爱和家。学会如何使用简短的字句来表达深刻的思想确实不容易做到，但是也唯此才能表达心声。当你言无所归时，就使用冗长的字句。冗长的字句只能愚弄小人物。

——SSC BOOKNEWS，1981 年 7 月

使用简单字句

前面的章节介绍了论文各个组成部分。了解了这些概要之后，写出的论文也未必精彩，但是这些知识可以帮助了解如何组织论文内容，至少让撰写论文时不会觉得太困难。

当然，如果要让论文有更多的读者，就应该用英文来写作。对有些科技人员来说，用英语写作可能颇有难度。如果作者的母语非英语，就更是如此。本书的第 34 章对母语非英语的科技人员给出了写作上的指导。但对于母语是英语的人而言，用英

语来撰写科技论文也绝非易事，因为很多读者的母语并不是英语。

要像大多数期刊的编辑一样，学会欣赏简单陈述句（主语+谓语+宾语）的美妙之处。这样就可以避免致命的语法问题并且使母语非英语的读者更易读懂论文。

悬垂修饰

有时要发觉行文中的悬垂分词结构或相关错误并非易事，但只要多注意句法，就能避免很多问题。句法是指将字词组合起来组成有意义的短语、从句和句子的语法规则。

在对悬垂分词结构有所了解后，检查悬垂修饰或相关错误不仅容易，有时甚至挺有意思。使用过色谱法的读者可能会对投稿到《细菌学杂志》中一篇文章报道的新技术感兴趣："By filtering through Whatman no. 1 filter paper, Smith separated the components."（这句话语法上的错误之处在于，句首的"filtering"的逻辑主语应是句尾的"components"。以下类似。——译者注）

当然类似的悬垂修饰或相关错误不仅局限于科技领域。在 Michael Gilbert 的悬疑小说《Death Has Deep Roots》中，有这样一句修饰错误的话："He placed at Nap's disposal the marriage bed of his eldest daughter, a knobbed engine of brass and iron."

英国汉普郡的一个消防站接到一份政府公函，要求获取统计信息。公函上有这样一个问题，"How many people do you employ, broken down by sex?" 消防站长看到后，从容不迫地写道"None. Our problem here is booze."

如果读者对赛马感兴趣，也许就会知道 1970 年"Hambletonian 杯"由一匹叫 Timothy T. According 的赛马获得。当时《华盛顿邮报》是这样报道这则新闻的："Timothy T. —sired by Ayres, the 1964 Hambletonian winner with John Simpson in the sulky—won the first heat going away."

《华盛顿邮报》上还有这样一则头条："Antibiotic-Combination Drugs Used to Treat Colds Banned by FDA." 也许美国食品与药品管理局（FDA）下一条措施就是禁止所有感冒的发生，那时研究病原体的专家就得另谋生路了。

一篇稿件上有这样一句话："large mass of literature has accumulated on the cell walls of staphylococci." 图书管理员手忙脚乱为各种 staphylococci（葡萄球菌）分类后，又要忙着为 salmon 分类，因为另外一篇投稿上又有这样一句话："The resulting disease has been described in detail in salmon."

一篇书评上有这样一句话："This book includes discussion of shock and renal failure in separate chapters."

在美国肺病协会（American Lung Association）发布的一则新闻中第一句话是这样："'Women seem to be smoking more but breathing less,' says Colin R. Woolf, M. D., Professor, Department of Medicine, University of Toronto. He presented evidence that women who smoke are likely to have pulmonary abnormalities and impaired lung function at the annual meeting of the American Lung Association." 即便协会的年会是在风光秀丽的蒙特利尔举行，我们还是希望抽烟的女性呆在家里。

写作十项注意

1. 代词与其指代的人或事物要保持一致。
2. 事例很重要。
3. 避免在句尾使用介词。

4. 主语谓语要一致。
5. 不要使用多重否定。
6. 不要断开不定式。
7. 不要使用陈词滥调。
8. 使用连词将分句连接起来。
9. 不要使用夸张的修辞手法。
10. 不要使句子支离破碎。

不过，本书作者之一（R. A. D）自身经历的一个小故事可能会改变读者对多重否定的看法：上届总统大选的时候，我回到家乡，那是坐落于伊利诺伊州北部一片广袤玉米地中的一个小镇。很多年都没回过老家，我很高兴还能听懂乡音。事实上，我颇为吃惊地发现，尽管乡亲们的话里有很多多重否定，但是话语中的表现力却毫不逊色。一天晚上在当地的一间农夫酒吧，我喋喋不休地向邻座的一位朋友谈论两位总统候选人的缺点，他显然对这一话题并不感兴趣，只简单说了句："Ain't nobody here knows nothin' about politics." 正当我回味他那句三重否定的句子时，另一位坐在酒吧角落里的神情忧郁的绅士说了句："Ain't nobody here knows nothin ' about nothin ' nohow." 奇怪的是，这个五重否定句是我听过的关于我家乡最好的描述。

慎用比喻

尽管前面的十项写作注意并没有提到比喻，但我们还是建议尽可能慎用明喻和暗喻。在撰写科技论文时尽量少用比喻，即使不得不用，也要慎重。很多句子在使用含糊的比喻后反而使读者无法理解句子的意思。举这样一个例子："A virgin forest is a place where the hand of man has never set foot." 这句的特殊之处在于自我否定型的比喻（self-canceling metaphor)。一个我很喜欢的例子来自一个知名的微生物学家 L. Joe Berry。在他的提议被委员会很快否定后，他说了这样一句话："Boy，I got shot down in flames before I ever got off the ground."

不要使用陈词滥调的比喻，例如："timid as a mouse"。生动和鲜活的文章往往源于对新颖比喻的使用，陈腐的比喻只会让文章索然无味。

有些词因为经常和固定的词搭配使用，所以也变成了陈腐的表达。例如："leap"，这个词"leap"（飞跃）本身并没有问题，但总是以"quantum leap"的形式出现。另一个例子就是"wreak"。这个词除了用在"wreak havoc"中外，人们好像就不知道它的其他用途了。字典中"wreak"的解释是："to bring about"，所以应该可以说"wreak a weak pain for a week"。为了博人一笑，不妨说："I've got a weak back."当别人问什么时候上到背部的时候，就回答说："Oh，about a week back."（在日常中，这种表达方法被称为"拗口话"）。问你的人接下来可能回答："Wow. That boggles the mind."这样你就可以问对方："What else gets boggled these days?"。

单词的误用

论文中要避免使用前后矛盾或者意思重复的词语。可以看下这些例子：一个新手被称为"well-seasoned novice"，报纸中将年轻人成为"young juveniles"，一家邮票与铸币交易店门口的招牌上写着"authentic replicas"，有人这样表达时间"7 a. m. in the morning"，更好笑的是"viable alternative"（如果 alternative 不是 viable，那它就不是 alternative 了）。

科技写作中，有的字词已经被长期误用。下面就是一些例子：

Amount：指代整体或集合时使用“amount”，指代整体中的个体时应使用“number”。所以“an amount of cash”是正确说法，而“an amount of coins”则是错误的。

And/or：尽管这个松散的结构被成千上万个作者使用，但是资深编辑们却很少使用这个结构。Bernstein（1965）说：“尽管这一组合在法律和商用英语里面常见，但它的表面和内涵都是有问题的，应该在其他写作中避免使用。”

Each/every：如果我问：“If I had a dollar for every mistake I have made，how much would I have?”答案是一块钱。但如果是：“If I had a dollar for each mistake I have made”，那么我将成为一个百万富翁。

It：这个代词非常常用，但是如果指代不清的话，常常会引起误解。比如：“Free information about VD. To get it，call 555 – 7000.”

Like：常有人将其当成连词误用。事实上，“like”只能用作介词。如果句子中非要连词，可以用“as”；例如，“Like I just said……”，这句话的开头应该用“as”。

Only：有时由于句子中“only”所处的位置不对，难以表达正确意思。试看这个例句：“I hit him in the eye yesterday.”“only”在这个句子中可以放在句首、句尾或句中任何两个词之间，但位置不同会使句子的意思完全不同。

Quite：下次在文章中看到有“quite”时，试着删去它然后再读整句话，你会发现“quite”这个词常常不必要。

Varying：“varying”的意思是“变化的”。很多人在该使用“various”的时候误用了这个单词，比如“Various concentrations”是指不同程度的注意力，而不是变化的注意力（varying concentrations）。

Which：在非限定性定语从句中，可以使用“which”来引导对全句部分并非关键部分的从句；“that”的限制性定语从句引导的是不可缺少的从句。试比较以下定语从句：“CetB mutants, which are tolerant to colicin E2, also have an altered…”和“CetB mutants that are tolerant to colicin E2 also have an altered…”。注意两个句子在意思上的不同。第一个句子表明所有的CetB都对colicin（大肠杆菌素）有耐受性，第二句的则表明只有一些CetB对大肠杆菌素有耐受性。

While：当两件事情存在时间关联时，用“while”通常是正确的，否则就得用“whereas”。“Nero fiddled while Rome burned”是正确的。但是“Nero fiddled while we wrote a book on scientific writing”的用法就错了。

母语非英语的读者可能会对下面的这个故事感兴趣：一位来自偏远国家的留学生来到美国求学。他多年勤学积累了巨大的词汇量，不幸的是他很少有机会说英语。到美国不久，他所在院系的院长邀请一些学生和教师喝下午茶。几位教师很快跟他交谈起来。有人问他：“Are you married?”（你结婚了么?）那个学生回答说：“Oh, yes, I am most entrancingly married to one of the most exquisite belles of my country, who will soon be arriving here in the United States, ending our temporary bifurcation.”这几位教师不解的交换了一个眼神，又问道：“Do you have children?”这个学生答道：“No.”思索片刻，他又补充说：“You see, my wife is inconceivable.”听到这个回答，教师们忍不住的微笑。这个学生意识到了自己的错误，又解释道：“Perhaps I should have said that my wife is impregnable.”听到这，教师们忍不住笑出声来。然而，这个学生竟然又解释道：“I guess I should have said my wife is unbearable.”

玩笑归玩笑，撰写科技论文时需要特别注意哪些英语问题呢？下面讨论的时态问题就是需要特别注意的问题之一。

科技写作中的时态

科技写作中一个十分棘手的问题就是时态的运用。这个问题至关重要，因为科学领域的职业道德决定了在撰写科技文献时应该正确使用时态。

当一篇科技论文得以发表在主要期刊上时，就成了科技领域的知识。所以任何时候提及已发表的科研结果时，都应该显示应有的尊敬。显示应有的尊敬的办法就是使用现在时态。所以在写论文时，应该说“Streptomycin inhibits the growth of *M. tuberculosis* (13).”无论何时使用之前发表的实验结果，都需要应用现在时，表明是现有知识，就好像我们说“The Earth is round.”一样。但如果已发表的科研成果在后来被实验证明是错误的，那么在写论文时提及该成果时，运用过去式就比现在时更为恰当了。

论文中提及作者当前的研究工作时应当用过去时。只有当科研成果发表，才会被视为科学知识。所以，如果研究工作中发现 *Streptomyces everycolor* 的最适生长温度是 37 摄氏度，那么在论文中就应该说“*S. everycolor* grew best at 37℃.”如果在论文中引用已发表的论文（可能是作者本人以前发表的论文），应该说“*S. eveycolor* grows best at 37℃.”

一篇典型的论文中，通常要在过去时态和现在时之间进行多次转换。大多数情况下，摘要部分的内容都应该使用过去时态，因为摘要介绍的是作者完成的实验情况。同理，材料与方法部分也应该用过去时态，因为这部分描述了实验的过程和结果。但是，引言部分和讨论部分就需要运用现在时态，因为这两个部分的重点在于描述前人已确定的实验成果。

假设作者现在的研究是关于 streptomycin 对 *Streptomyces*

*everycolor*的影响。论文的各部分使用的时态结构就应该大致如下：

摘要部分的内容为："The effect of streptomycin on *S. everycolor* grown in various media was tested. Growth of *S. everycolor*, measured in terms of optical density, was inhibited in all media tested. Inhibition was most pronounced at high pH levels."

引言部分的句子则应该是这样的："Streptomycin is an antibiotic produced by *Streptomyces griseus* (13). This antibiotic inhibits the growth of certain other strains of Streptomyces (7, 14, 17). The effect of streptomycin on *S. everycolor* is reported in this paper."

材料与方法部分的句子一般这样："The effect of streptomycin was tested against *S. everycolor* grown on Trypticase soy agar (BBL) and several other media (Table 1). Various growth temperatures and pH levels were employed. Growth was measured in terms of optical density (Klett units)."

在结果部分："Growth of S. everycolor was inhibited by streptomycin at all concentrations tested (Table 2) and at all pH levels (Table 3). Maximum inhibition occurred at pH 8.2; inhibition was slightly below pH 7."

讨论部分的句子为："*S. everycolor* was most susceptible to streptomycin at pH 8.2, whereas *S. nocolor* is most susceptible at pH 7.6 (13). Various other Streptomyces species are most susceptible to streptomycin at even lower pH levels (6, 9, 17)."

简言之，在提及已发表的科研结果时就需要使用现在时态，在讲述本人当前的研究工作时应使用过去时态。

以上规则也有特例，那就是在展示科研成果的时候。这时可以说："Smith (9) showed that streptomycin inhibits *S. nocolor*." 也可以说："Table 4 shows that streptomycin inhibited *S. everycolor* at all pH levels." 另一个特例是在给出计算结果和统计分析结果

应该使用现在时态，但在解释这些结果的意义时需要采用过去时态，如“These values are significantly greater than those of the females of the same age, indicating that the males grew more rapidly.”还有例外就是提到常识和普遍真理时，比如“Water was added and the towels became damp, which proves again that water is wet.”所以，在科技论文里，作者需要在不同时态之间进行切换，比如“Significant amounts of type IV procollagen were isolated. These results indicate that type IV procollagen is a major constituent of the Schwann cell ECM.”

主动语态和被动语态

现在谈谈语态的问题。无论写作形式如何，主动语态通常比被动语态更准确更简洁（当然这个结论也不是一以贯之的，我们并不能说主动语态的句子总是比被动语态的句子更准确、简洁。否则，我们就需要在之前的“注意事项”中加入第11条“任何时候都避免使用被动语态。”）。

如第11章提到的那样，在材料与方法部分使用被动语态有一定的好处。但是在论文的其他部分，则要尽量少使用被动语态。

那为什么还有很多人使用大量的被动语态呢？也许是因为很多人错误地认为，在科技论文中使用第一人称有失礼节。正因为这个错误的观念，许多科技人员在科技论文中弃用简单的句式“I found”转而采用冗长的表达形式“It was found that”。

年轻的科技人员更应该摒弃前人经常犯的故作谦虚的错误。不要害怕在论文中指出动作的发出者，即使为“I”或者“We”。一旦养成说“I found”的习惯，也就自然会写出类似“*S. aureus* produced lactate” rather than “Lactate was produced by

S. aureus.”这样的句子了（注意，这个主动语态的句子只用了3个单词，而被动语态用了5个）。

为了避免被动语态，还可以用“The authors found”代替“it was found”。不过相较于“we”，“the authors”显得有些做作和啰唆，而且不够准确（到底是哪位作者呢?）

委 婉 语

在科技写作中，要尽量避免委婉语的使用。委婉语“passed away”并不能改变“died”这一事实。如果将实验室的动物死亡说成是“sacrificed”，那科学研究工作就俨然成为了神秘的宗教活动。事实上，这些动物只是被宰杀了，仅此而已。CBE格式指南（CBE Style Manual Committee，1983）给出了一个使用委婉语的例句：“Some in the population suffered mortal consequences from the lead in the flour.”然后该手册删掉了这句话的委婉语，句意立刻就变得明晰了：“Some people died as a result of eating bread made from the lead-contaminated flour.”一位导师在讲授科技写作课程时，用上面那个使用委婉语的句子作为测试题，请学生们来修改这句话，大多数同学都没有使用“died”。而且改后的句子也五花八门，有的句子说“Get the lead out”而有的则说“Some were dead from the lead in the bread”。

单复数的使用

如果论文采用第一人称来写，可以根据写作需要来决定用“I”还是“we”；如果论文研究者只有一个，那么用“we”来代替“I”就显得有些过于“编辑腔”了。

科技写作中经常出现的一个错误就是该用动词单数的时候

使用了动词复数。例如，应该说“10g was added”而非“10g were added”。这是因为10g是作为一个整体添加的。除非10g是以每次只加1g的方式添加进去的，才能说“10g were added”。

名词也有单复数的问题。这个问题在科技论文写作，尤其是生物学领域的写作中尤为严重，因为这一领域中的很多单词都是拉丁语或是从拉丁语演变过来的。这些名词大多保留了原拉丁语中的复数形式。

有些词（像data、media）已经被人广泛接受，因此很少有人意识到这些以-a结尾的名词是拉丁语中复数形式的名词。大多数人都习惯用“data is”这样的形式，而不会想到“data”的单数形式是“datum”。不幸的是，这种随便的用法在科学界以外的领域普遍为人所用，甚至有些字典也没有仔细区分这些名词的单复数，如*Merriam-Webster's Collegiate Dictionary*（第11版）中认为“the data is plentiful”这样的句式是正确的。但是，严谨的作者（Bernstein，1965）却认为“将data用作单数是一个广泛存在的语法错误”。

杰出微生物学家和学者Ashley Miles先生在给《ASM News》的编辑写信时指出了下面的复数问题（44∶600，1978）：

A Memoranda on Bacterial Motility. The motility of a bacteria is a phenomena receiving much attention, especially in relation to the structure of a flagella and the effect on it of an antisera. No single explanatory data is available; no one criteria of proof is recognized; even the best media to use is unknown; and no survey of the various levels of scientific approach indicates any one strata, or the several stratae, from which answers may emerge. Flagellae are just as puzzling as the bacteriae which carry them.

名词的使用

撰写科技论文时常见的另一个问题是使用抽象名词造成句子拖沓冗长。纠正这个错误的办法就是用动词替代名词。例如“Examination of the patients was carried out”应该改为“I examined the patients”，“separation of the compounds was accomplished”可以改为“the compounds were separated”，“transformation of the equations was achieved”可以变为“the equations were transformed”。

名词作为形容词用时也会出现错误。通常情况下，这种用法并没有任何问题，但是在使用的时候要注意可能产生歧义的地方。比如，“liver disease”（肝病）不会产生歧义（即使可以用“hepatic”来代替“liver”）。但是下面这个出自一本自传的句子中将名词用为形容词就出现了歧义“When I was 10 years old，my parents sent me to a child psychiatrist. I went for a year and a half. The kid didn't help me at all.”曾有一则广告（出自《纽约时报》），标题是“Good News for Home Sewers”。仅从标题来看，这则广告可能是在推销下水道清洁剂，也可能是推销缝纫机的针线。

如果将几个名词连起来充当形容词，问题就更加严重了，特别是当真正的形容词放在一连串名词前面的时候。例如，“Tissue culture response”的意思模糊不清，“infected tissue culture response”就更让人费解了（到底是什么受到感染了?）。

数　字

不同格式的指南和期刊中对科技论文中数字的使用要求不

尽相同。《The Chicago Manual of Style》（2003）要求“完整拼写从 1 到 100 的数目”，而对其他数字则使用阿拉伯数字。不过它也提到很多科学期刊要求只将一位的数拼写出来。在科学编辑协会的格式指南委员会 2006 年出版的《修订版科学数字格式》中规定，单位数字需要采用全拼，但也有以阿拉伯数字形式出现的特例。

如果目标期刊没有注明论文中数字的格式要求，可以按照以下这些普遍接受的标准来进行处理：一位的数字应该完全拼写出来；两位及以上位数的数字应该用数字形式。应该写“three experiments”或“13 experiments”。要特别注意的是，如果数字后面有标准度量单位，就应该用阿拉伯数字来表示，如“3 ml”、“13 ml”。但是，句子的开头不能使用阿拉伯数字，你可以改写句子避免用数字开头，也可以将数字和度量单位的全拼出来。例如，一句话可以这样开头“Reagent A（3 ml）was added”，也可以说“Three milliliters of reagent A was added.”事实上，还有一个特例，就是在句中有多个数字时，所有的数字都需要用阿拉伯数字表达（例：“I gave water to 3 scientists，milk to 6 scientists，and beer to 11 scientists.”）。

其　　他

有人可能会认为英语实在是很奇怪的语言。“have”的过去式“had”，过去分词也是“had”，因此“He had had a serious illness.”这样的句子是正确的。更奇怪的是，一个句子中将 11 个“had”连用仍然是正确的。例如，两个学生 John 和 Jim 将作文交给老师后，Jim 的论文用了太多的“had”，老师看后十分头痛，就可以说：“John，where Jim had had ‘had’，had had ‘had had’；‘had had’ had had an unusual effect on the teacher.”另一个可以以一连串形式出现但并不会造成错误的单词是“that”，例如“He said，in speaking of the word ‘that’，that that ‘that’ that that student referred to was not that ‘that’ that that other student referred to.”

许多“had”和“that”之所以连用而不犯错误，要依赖于标点的使用。为了进一步说明标点的作用，大家可以和朋友们试试这个小游戏。给每个人一张纸，上面写着“Woman without her man is a savage”，然后要求所有人在这句中加上标点符号。所有大男子主义者都会说这句话没必要加标点，这确实没错。还有一些大男子主义者会将句子改为“Woman，without her man，is a savage.”这也没有错误。然而一些女权主义者则会加上破折号并在“her”后加逗号，这句话就成了“Woman——without her，man is a savage.”这种改法当然也是正确的。

撰写科技论文时，我们应当严肃地对待带性别歧视的语言，这会让论文格调低下。任何含有歧视性语言或观点的论文都不是真正科学的。有学者已经出书（Schwartz and others 1995；Maggio 1997）论述如何避免使用性别歧视性或带偏见的语言。有些格式指南也会给出这方面的指导。

在本章结束前，我们再总结一下正确使用句法的重要性。阅读论文时出现理解困难大都是因为论文中出现的句法错误。有时，一些错误只是好笑而已，但不会影响理解，就像下面这两则广告：“For sale，fine German Shepherd dog，obedient，well trained，will eat anything，very fond of children.”“For sale，fine grand piano，by a lady，with three legs.”

但是看下面这句话，类似的错误大量存在于已发表的科技论文中：“Thymic humoral factor（THF）is a single heat-stable polypeptide isolated from calf thymus composed of 31 amino acids with molecular weight of 3,200.”最合逻辑的解释是，介词短语“with molecular weight of 3,200”修饰的是前面的名词“acids”，即这个氨基酸的分子量是3,200。不太符合逻辑的理解是，该介词短语修饰的是“calf thymus”，意为calf thymus的分子量是3,200。最不合逻辑的理解方式［因为该介词短语与“Thymic humoral factor（THF）”距离最远］是THF的分子量是3,200，但是这正是作者想传达的信息。

如果大家希望更有效地使用英语，应该读Strunk 和 White（2000）的书《The Elements of Style》。这本书（只有不到100页）言简意赅地给出了写作要点。任何从事写作的人都应该读读这本小书。（你可以在网上读到由Strunk自己撰写的早期版本，网址：www. bartleby. com/141/。）读完这本书后，就可以再读Fowler（1965）的写作书籍。不要吝惜买书的钱，因为绝对物有所值。当然，如果你确实想在英语写作领域有所造诣，可以购买另一本经典之作《Scientific English》(Day and Sakaduski, 2011)。

（王冠龙　译　张　健　校）

第31章　避免使用行话

混乱是美国式写作的弊端。我们的社会里充斥着冗言赘语、拐弯抹角的表达、浮夸的修饰和毫无意义的行话。

——William Zinsser（威廉·津瑟，美国作家、教育工作者）

行话的定义

《Merriam-Webster's Collegiate Dictionary》（第11版）中，对行话的定义有以下几种：（1）"confused unintelligible language"（模糊不清的语言）；（2）"the technical terminology or characteristic idiom of a special activity or group"（特定活动或群体中采用的技术词汇或特色语言）；（3）"obscure and often pretentious language marked by circumlocutions and long words"（为了故意表达模糊的意思而采用的遁词或很长的字词）。

第一种和第三种行话应该避免使用。第二种（专业术语）的使用在科研写作中在所难免。如果读者对这些专业术语较为熟悉，或者作者在论文开头定义或解释了这些专业术语，那么在论文中使用它们是合理的。如果面向论文所属领域的专业人士来写作，那么在论文中只需要解释一些生僻的专业词汇。

冗言赘语

许多人在写作时都存在使用冗言赘语的问题。这个问题在有些极端例子下的特点就是不使用单音节词。例如，有的作者从不使用“use”，而是用“utilize”；从不用“do”，而用“perform”；从不用“start”，而用“initiate”；从不用“end”，而用“finalize”（或者“terminate”）；从不用“make”，而用“fabricate”；从不用“first”，而用“initial”；从不用“last”，而用“ultimate”；从不用“before”，而用“prior to”；从不用“after”，而用“subsequent”；从不用“prohibit”，而用“militate against ”；从不用“enough”，而用“sufficient”；从不用“too much”，而用“plethora”。偶尔有些作者会用“drug”，但是大多数情况下还是会像巴普洛夫实验中的狗一样建立了条件反射，习惯性的使用“chemotherapeutic agent”。根本没人想着用三个字母的单词“now”代替“at this point in time”。

Stuart Chase（1954）讲述了一个关于管道工的故事。这个工人向标准制定办公室写信说，自己发现用盐酸清洗水管中的污垢十分有效。办公室的工作人员回信说：“The efficacy of hydrochloric acid is indisputable, but the chlorine residue is incompatible with metallic permanence.”水管工给工作人员回信表达了自己的想法被接受后的欣喜之情。但是办公室的工作人员又回信说：“We cannot assume responsibility for the production of toxic and noxious residues with hydrochloric acid, and suggest that you use an alternate procedure.”这位水管工又回信说他很高兴标准制定办公室同意他的观点。最后，办公室人员不得不给这个工人回信

说："Don't use hydrochloric acid; it eats hell out of the pipes."

我们是否可以将科学家类比为水管工呢？科学家相比水管工就真的高一筹么？获得哲学博士学位的科技人员是否真的需要懂一些哲学呢？我们同意 John W. Gardner 的观点："有的社会瞧不起水管修理工作，因为这份工作十分卑微。但是这个社会却能容忍蹩脚的哲学研究，认为这样的工作很高尚。这样的社会既产生不了精湛的水管修理工，也产生不了思想深邃的哲学家；最终的结果只能是这个社会中的水管到处漏水，各种理论体系也漏洞百出。"（Science News，P. 137，1974 年 3 月 2 日）。

Anaronson（1977）说得好："科技人员使用行话往往就像政治家的花言巧语和官僚的官腔：听起来不堪入耳，难以理解，空洞无物。因为他们喜欢矫揉造作的抽象的词汇，而不屑于简单朴实的词汇。"

专业术语的问题就在于它属于专门性的语言，只有对某一领域有所了解的人才能懂得这一领域行话的涵义。科学应该是通俗易懂的，因此每篇科学文献都应该以通俗易懂的形式呈现。

当然，使用专业术语也要分场合。如果专业术语已经为领域中的从业者和学生所熟知，那么就没有问题。但如果一篇文献中的术语不能被其潜在读者所理解，作者应该（1）使用简单的词语，或者（2）为论文中使用的专业术语下定义。简而言之，作者不应该将论文的读者限制在自己专业领域中的寥寥数人，而应该面向所有和自己领域相关、需要了解这一领域的广泛大众。

箴　言

以下是一些对本书读者十分重要的人生箴言。但是这些句子都是用典型的术语写出的。只需稍加修改这些句子就可以用更为简单的英语表达。

1. As a case in point, other authorities have proposed that slumbering canines are best left in a recumbent position.

2. An incredibly insatiable desire to understand that which was going on led to the demise of this particular Felis catus.

3. There is a large body of experimental evidence which clearly indicates that members of the genus Mus tend to engage in recreational activity while the feline is remote from the locale.

4. From time immemorial, it has been known that the ingestion of an "apple" (that is, the pome fruit of any tree of the genus Malus, said fruit being usually round in shape and red, yellow, or greenish in color) on a diurnal basis will with absolute certainty keep a primary member of the health care establishment absent from one's local environment.

5. Even with the most sophisticated experimental protocol, it is exceedingly unlikely that the capacity to perform novel feats of legerdemain can be instilled in a superannuated canine.

6. A sedimentary conglomerate in motion down a declivity gains no addition of mossy material.

7. The resultant experimental data indicate that there is no utility in belaboring a deceased equine.

如果读者理解以上句子有困难，那么下面是简化后的句子：

1. Let sleeping dogs lie.

2. Curiosity killed the cat.

3. When the cat's away, the mice will play.

4. An apple a day keeps the doctor away.

5. You can't teach old dogs new tricks.

6. A rolling stone gathers no moss.

7. Don't beat a dead horse.

官　　腔

遗憾的是，太多的科技论文中的术语使用属于本章开头所提到的第一种和第三种。很多时候，科技人员写起论文来就像是 Meyer（1977）所描写的传奇人物 Henry B. Quill："Quill 对官话谙熟于心。他想尽办法掩饰句中的主语和动词，用过分的修饰隐藏话中的真正意图。他对微不足道的想法大加渲染和修饰，陈述显而易见的事情时却模糊不清且模棱两可。他的夸夸其谈如同滔滔江水般泛泛。他每句话都充满了 aspects，feasibilities，alternatives，effectuations，analyzations，maximizations，implementations，contraindications and appurtenances 这样的词语。发挥最好的时候，他能洋洋洒洒好几页而空洞无物。"

有些行话和官话用词倒是简单，但是由于使用了太多的字词，全句语义仍旧模糊不清。试看下面这则出自联邦法规关于树木保护的条款（Code of Federal Regulations，Title 36，Paragraph 50.10）；这份告示曾经张贴在华盛顿州的"美国首都公园"（National Capital Park）和规划委员会（Planning Commission）的休闲区域：

TREES，SHRUBS，PLANTS，GRASS AND OTHER VEGETATION

(a) General Injury. No person shall prune，cut，carry away，pull up，dig，fell，bore，chop，saw，chip，pick，move，sever，climb，molest，take，break，deface，destroy，set fire to，burn，scorch，carve，paint，mark，or in any manner interfere with，tamper， mutilate, misuse, disturb or damage any tree, shrub, plant, grass, flower, or part thereof, nor shall any person permit any chemical, whether solid, fluid or gaseous to seep, drip, drain or be emptied, sprayed, dusted or injected upon, about or into any tree, shrub, plant, grass, flower or part thereof except when specifically authorized by competent authority; nor shall any person build fires or station or use any tar kettle, heater, road roller or other engine within an area covered by this part in such a manner that the vapor, fumes or heat therefrom may injure any tree or other vegetation.

其实全文要表达的意思就是：Don't mess with growing things（请勿损坏植物。）

行话并不一定使用专门的词语。在两个单词间取舍时，惯用行话的人经常使用那些复杂的词语。好用行话的人乐此不疲地把一个原本可以用很短的句子来表达的意思用很长、很繁琐的方式表达出来。事实上，冗长的字词或者句子并没有简短的字词或句子表达得清楚。其实那些用“at this point in time”的人想表达的意思无非就是一个“now”。还有人喜欢使用“in the event that”，其实用“if”就足够了。

特殊情况

一个最常被滥用的字就是“case”。人们可以说“a case of canned goods”或者“a case of flu”，然而，99%的“case”的使用都不必要。如果觉得99%有些危言耸听，不妨做个调查。即使这个比例过高，但是“case”的过度使用仍旧是一个不争的事实，很多含有“case”的短语完全可以用更好更短的单词代替；例如，“in this case”相当于“here”；“in most cases”等于“usually”；“in all cases”表示“always”，还有“in no cases”相当于“never”。

另一个经常错用的词语是“about”。这个词语显然是经常被忽略。如 Weiss (1982) 指出的那样，在该用“about”的时候，很多人却使用了其他啰唆的表达方式，如：

Approximately	pursuant to
in connection with	re
in reference to	reference
in relation to	regarding
in the matter of	relating to the subject matter of
in the range of	relative to
in the vicinity of	respecting
more or less	within the ballpark of
on the order of	with regard to
on the subject of	with respect to

附录 2 中给出了应该避免使用的单词和短语。O'Connor and Woodford (1975) 给出的避免使用的字词列表也可供大家参考。并不是说表中所列字词完全不能用，而是这些字词不宜于频繁使用，否则文章将会充满令人费解的话，读者在阅读时就会很费劲。

惯用行话的人还喜欢杜撰词语，比如将名词当作动词。一个例子就是把名词“interface”用作动词表示“communicate”的意思；但事实上人们只有在接吻的时候才用得上“interface”。还有一个特别经典的句子：一份论文投稿中有这样一句话：“One risks exposure when swimming in ponds or streams near which cattle have been pasturized.”编辑知道字典中根本就没有这样一个词“pasturized”，因此将他改成了“pasteurized”（这种改法是无可挑剔的。不过“pasteurized”一般都是指对牛奶做高温消毒，现在看来连奶牛也可以被高温消毒了）。

在自己所在领域中，科技人员都可以称得上是专家，但是很多科技人员却喜欢使用迂腐、晦涩和无用的语句，有时甚至提供读者根本不需要也不想知道的信息。如英国小说家 George Eliot 所说的那样：“Blessed is the man who，having nothing to say，abstains from giving us wordy evidence of this fact.（保佑那些有识之士，他们在无话可说的情况下能克制自己长篇大论的冲动。）”

如果非要向别人展示自己的词汇量，一定要用词恰当。一起来看看 Lederer（1987）谈论美国宇航局（NASA）的科学家 Wernher von Braun 时的例子：在一次演讲后，Wernher von Braun 博士遇到了一位对他十分仰慕的女听众。这位女士由衷地说：“Dr. von Braun，I just loved your speech，and I found it of absolutely infinitesimal value！（博士，我实在太喜欢您的演讲了，我认为您的演讲意义极其渺小）。”von Braun 吃了一惊，强忍着说：“Well then，I guess I'll have it published posthumously.（是么？那我只能指望我的工作在我死后才发表出来了。）”这位女听众马上回答道：“Oh yes！And the sooner the better（当然！越快越好！）”

再来看这样的一个故事：两个冒险家正坐在一个热气球上慢慢降落。由于行程太长，天气阴沉，他们望着地面根本不知道飞到哪里了。当热气球悬浮在一所著名科学研究所上空时，他们看到一个人在街上走。热气球上的人赶紧喊道：“Hey，mister，where are we？（先生，我们这是在哪啊？）”行人朝上看了一眼，观察了情形，考虑了片刻，回答道：“You're in a hot-air balloon.（你们在热气球上。）”这个探险家向他的同伴说道：

"I'll bet that man is a scientist. （我敢肯定路上的那人是个科学家。）" 同伴问道："What makes you think so? （何以见得?）" 这个冒险家说道："His answer is perfectly accurate—and totally useless. （他的回答十分精确，但是却没任何用处）。"

（王冠龙　译　张　健　校）

第32章 如何与何时使用略语

作者不应该在文章中使用太多的略语。

—— Maeve O'Connor（麦芙·奥康诺，美国写作学专家）

一般原则

许多有经验的编辑都很讨厌看到略语。有些编辑希望除那些被所有期刊普遍接受的标准度量单位或SI单位制之外，投稿中不要使用其他任何略语。很多期刊允许作者在没有给出定义的情况下使用一些标准的略语，如etc.、et al.、i. e.、e. g. 等（但是i. e. 和e. g. 经常被用错；i. e. 的准确意思是“that is”，而e. g. 的准确意思是“for example”。因为这些略语经常被误用或误解，应当尽量避免使用它们）。投稿中尽量少用略语是明智的，不仅编辑会对投稿给予更多的考虑机会，读者也会表示赞赏。这一点其实不需多说，因为科技论文作者本身肯定也读到过没有定义或意思不清的略语。想想自己读到意义不明的略语时的恼怒，作者应该就会跟我们一样，下定决心，绝不用定义不清的略语去污染科技文献的宝库。

如何使用略语，这个问题并不难回答，因为大多数期刊都有使用略语的相同惯例，即先将整个词语完全拼写出来，然后在紧接着的括弧中给出对应的略语。例如，论文的引言部分的首句就可以这样写："Bacterial plasmids, as autonomously replicating deoxyribonucleic acid (DNA) molecules of modest size, are promising models for studying DNA replication and its control."

何时使用略语，这种问题就比较复杂了。了解下面几条一般性原则会有一定的帮助。

首先，在文章题目中通常不使用略语。很少有期刊会允许作者在题目中使用略语；各种文献索引或摘要系统也都要求不得在题目中使用略语。如果文章题目中使用了不标准的略语，那么文献检索系统很难甚至无法对该文章做出正确的检索。即使题目中使用的是标准的略语，进行文献检索时还是会出现其他问题。一个主要问题就是，略语的形式并非一成不变，现在普遍使用的略语可能再过几年就不为人所知了。《Council of Biology Editors Style Manual》的不同版本中给出了一些略语的对比，特别强调了这一点。如果词汇本身改变了，那么词汇的略语也必然会改变。大家可能无法理解略语"DPN"（全称为"diphosphopyridine nucleotide"），因为同样的东西已经改名为"nicotinamide adenine dinucleotide"，改名后的略语是"NAD"。

在论文摘要中最好也不使用略语，只有多次提到一个冗长的词语时才考虑使用略语。如果在摘要中使用略语，就要在摘要中第一次使用时给出该略语的定义。切记，论文摘要能够独自成篇。

在论文正文中，如果多次提到一个冗长的单词或短语，则可以使用略语。使用略语可以缩短论文长度，从而帮助节省排版印刷费用。更重要的是，如果使用得好，略语还能方便读者阅读和理解。提到"重要的"（importantly）这个字，不由得让人想起了一位父亲，他的小孩称呼他为“the FIP”（fairly important person），因为孩子们知道他还不是 VIP（very important person）。

好的写作习惯

好的写作习惯是在撰写论文初稿的时候，把所有的专业词汇和短语都完全拼写出来，然后再仔细阅读初稿，找出其中多次重复的、较长的词语，考虑是否使用略语。不要对论文中仅出现一次或两次的字词或短语使用略语。如果某个字词或短语在论文中使用得比较频繁（比如 3 到 6 次），并且科学界对此词汇或短语有标准的略语形式，就可以对该词语使用略语（有些期刊甚至允许在论文中首次使用某些标准的略语形式时不做定义）。如果某个词语没有标准的略语形式，不要强行造出一个略语，除非该词语在论文中出现得非常频繁或是该词语非常冗长。

很多时候，如果指代清楚，可以使用合适的代词（it，they，them）来避免使用略语。还有一个办法就是使用指示性的短语（如“the inhibitor,”“the substrate,”“the drug,”“the enzyme,”“the acid”）来替代那些较长的词语。

通常，如果要使用略语，那么应该在论文正文中该词语首次出现的地方给出相应的略语。另外一个方法就是在引言部分或材料与方法部分给出一个单独的段落（段落标题为“Abbreviations Used”），用于介绍论文中将出现的所有略语。当论文中的相关试剂名称（比如某种有机化学试剂）都采用了略语形式时，后一种方法（有些期刊会要求使用这种方法）特别适用。还有一个方法在评论性论文和基金申请中比较常用，那就是用一个表格把论文中要使用的略语罗列出来并给出定义。这样，即便读者不通读全文，也可以很容易地知道文中各个略语的意思。

同样，如果读者可能只读一本书的某些章节或者不按顺序阅读，那么就应考虑在每一章的起始部分给出略语的定义。同样的规则也适用于那些篇幅较长的材料，例如人们通常不会全篇通读冗长的标书。

度量单位

度量单位同数字连用时都是写成略语的形式。比如，可以说“4 mg was added”（度量单位的略语形式单复数同形）。不过如果没有与数字连用，度量单位就不应该使用略语的形式。比如，“Specific activity is expressed as micrograms of adenosine triphosphate incorporated per milligram of protein per hour.”

不恰当地使用斜线会引起误解，这类问题在阐述浓度时经常出现。如果论文里说：“4 mg/ml of sodium sulfide was added”，这个斜线到底是什么意思呢？是指“per milliliter of sodium sulfide”还是指“per milliliter of reaction mixture”呢？如果把这个句子改为：“4 mg of sodium sulfide was added per milliliter of medium”，意思就会清楚很多。

特殊问题

使用略语时经常遇到的一个问题就是如何使用“a”和“an”。到底该写“a M. S. degree”还是“an M. S. degree”？回想一下使用不定冠词的老规矩：在辅音开头的名词前使用“a”，在以元音开头的名词（比如，字母 M 读作“em”）前使用“an”。科技论文中的略语并不需要像单词一样能拼读出来，所以确定略语前的不定冠词时是根据略语首字母的发音是否以元音开头，而不是根据拼读出来的略语是否以元音开头。所以，尽管“a master of science degree”是正确的，但“a M. S. degree”却是错误的，因为“M. S.”念作“em ess”，所以，应该写为“an M. S. degree.”

在生物学领域，通常会在首次给出某物种的全名后使用该物种的略语。比如，当“*Streptomyces griseus*”在文中首次出现的时候，作者会将其完全拼写出来。如果文中再提及该物种，就可以用略语“*S. griseus*”。不过如果论文中同时有“Streptomyces”和“Staphylococcus”两个物种，那么在每次提及的时候，都应将该物种的全名拼写出来。否则，读者就不知道这个“S.”到底是指“Streptomyces”还是“Staphylococcus”。

国际单位制

附录3给出了SI单位的略语。SI单位、符号及导出单位已经成为科技语言的一部分。理科学生应熟知这种现代的公制度量衡系统。《Scientific Style and Format》(Style Manual Committee, Council of Biology Editors, 1994) 同《Medical Style & Format》(Huth, 1987) 都提供了更全面的信息。简单来说，SI单位包括三类：基本单位 (base units)，辅助单位 (supplementary units) 和导出单位 (derived units)。7个基本单位构成了SI单位的基础：米 (meter 或 metre)、千克 (kilogram)、秒 (second)、安培 (ampere)、开尔文 (kelvin)、摩尔 (mole) 和坎德拉 (candela)。除了这7个基本单位以外，还有两个分别用于描述平面和立体角度的辅助单位：弧度 (radian) 和球面度 (steradian)。SI导出单位是基本单位和辅助单位用代数形式表示的单位。有些导出单位具有专门的名称和符号。

其 他 略 语

许多科技写作体例指南（如 Iverson et al.，2007；Style Manual Committee，Council of Biology Editors，2006；等）都给出了标准的略语。只有在必要的时候才使用这些标准的略语；并且应尽量避免使用其他略语。如果在文中使用了略语，则一定要像介绍王室贵族那样，详细清楚地解释略语的意思。

（黄　芳　译　张　健　校）

第 33 章　跨文化与跨媒体的写作

通过互联网，文章能瞬间传遍全球。很多时候，作者自以为在文章中清楚地表达了某个意思，但是在世界另一端的读者却未必这样理解。

——Steve Outing（斯蒂夫·奥汀，美国编辑）

撰写清晰易读的文章

前面的章节已经详细阐述了撰写清楚易懂文章的一些方法：使用简单的句子结构，使用正确的语法，删除多余的字句，使用简练的短语，使用精确的词语，使用主动语态，避免使用一长串的名词，使用动词而不要使用抽象名词，正确标注标点符号，使用短小且常用的词语，尽量少用略语，给出略语的定义。

要让文章清晰易懂，还应尽量避免使用以“It is”或“There is”开头的句子。比如，可以把“It is not necessary to remove this structure”改为“This structure need not be removed”或着（如果合适的话）“You need not remove this structure”。同样，可以把“There is another method that is gaining acceptance”改成

"Another method is gaining acceptance"。

一般而言，应该用肯定句而不是否定句来陈述事情。比如，如果想表达某样东西很重要（important），就不要说这样东西并非不重要（not unimportant）；如果想表达某项东西数量众多（substantial），就不要说这样东西数量不是不多"not insubstantial"。尽量避免在论文中使用双重否定句，可以让文章更具可读性。

众多有助于增强文章可读性的建议也能帮助文章节省篇幅。科技论文或基金申请通常都有字数限制，所以写作时应仔细考虑文章的简洁性

多年来，人们设计出一些工具来衡量文章的可读性。某些版本的 Microsoft Word 中有两个工具，可以通过计算弗莱什易读性分数（Flesch Reading Ease score）和弗莱什金凯易读级数分数（Flesch-Kincaid Grade Level score），来衡量文章的可读性。这两项工具可以在【校对】（proofing）选项中的【拼写和语法检查】一栏（when correcting spelling and grammar）中进行设置。这两项分数的计算是基于平均每句话的单词数量和平均每个单词的音节数量。这两项工具可以帮助作者评估文章的可读性（或者在提高文章的可读性方面有了多少改进）。但是，这些工具并不能全面地衡量文章的可读性，它们均还存在一定缺陷。事实上，一篇由简短句式和简短字词组成的文章可能意思极为混乱，却得到相当高的分数。

用词一致

为使科技论文意思表达清楚，应在整篇文章中对同一事物采用同一个称谓。在撰写科技论文时，作者完全没有必要像写文学作品那样，为增加文章的趣味性而用不同的称谓来指代同

一事物。科技论文的读者更关注的是论文的内容，没有必要让他们花时间去猜测文中的“the mice”“the animals”和“the rodents”指的是否是同一种动物，或者“the conference”“the convention”和“the meeting”指的是否是同一件事件。用词一致可以使科技论文清楚连贯。

然而，对于一些生动的、较易给人留下深刻印象的词汇，应避免连续重复使用此类词汇。例如，如果把科技论文中常用的科技词汇比为“blue jeans”（蓝色牛仔裤），把那些易给人留下深刻印象的字词比为“purple plaid trousers”（紫色格子裤），大家就可以品味出下面这段话的道理：

> If you wore blue jeans to the laboratory every day, probably no one would notice that fact. Similarly, if you repeatedly used words such as "experiment", "molecule", "increase", and "journal", probably no one would notice. However, if you wore purple plaid trousers to the laboratory today, people probably would notice if you also did so next week. Similarly, if you used the word "astonishing", "armamentarium", "compendium", or "conundrum" in one paragraph, people probably would notice if you also did so in the next.

（如果你每天都穿蓝色牛仔裤去实验室，可能没有人会注意到这一点。同样的，如果重复使用“experiment”“molecule”“increase”或“journal”之类的词，可能不会有人注意。然而，如果你今天穿紫色格子裤去实验室，人们可能就会留意，你下周是不是也会穿紫色格子裤。类似的，如果在一个段落使用“astonishing”“armamentarium”“compendium”或“conundrum”

等词，人们就会留意下一段是否也会用到这些词。）

在论文中应该主要使用“蓝色牛仔裤”式的字词，即使重复也无妨；同时应该慎用“紫色格子裤”式的字词。

为国际读者考虑

用词一致对来自非英语母语国家的读者特别有帮助。此外，在面向这部分读者群时，还应该注意一些问题：使用只有一个或几个意思的字词，避免使用习语和有许多不同意思的词（比如，在修订本书相关材料时，把“a good deal easier”改为了“much easier”，把“watch your similes and metaphors”改为了“largely avoid similes and metaphors”，把“do not bear repeated use”改为了“should not be used repeatedly”）；使用简单的动词；使用简单的句子结构，句子不能太长；为使句子结构更加清楚，保留句子中的连接词（比如，使用句式“I believe that Professor Day knows much about grammar”而不是句式“I believe Professor Day knows much about grammar”，因为后一种句式可能会让读者误解为“I believe Professor Day”）；不要引用文学、当地文化或体育方面的典故，因为外国读者未必了解这些。

《The Elements of International English Style》（Weiss，2005）一书中还提供了一些其他指导。该书主要面向商业和技术领域的人士，但对有志于写出清楚简洁的科技论文的科研人员也有很好的参考作用。该书对需要以信件和电子邮件形式与世界各地同行保持联系的科技人员也很有帮助。

电子邮件体例

科技领域人士写得最多的应该就是电子邮件。尽管电子邮件很少会发表，但在撰写电子邮件时还是应该注意一些事项。

首先，电子邮件最好要有一个有意义的主题（subject）。其次，为增强邮件的可读性，每个段落不能太长，段落之间要隔行。如果希望别人阅读邮件，应该使邮件简洁明了。如果邮件内容太多，最好用附件的形式来阐述。

如果要将同一封邮件群发给一组人，可以使用 Bcc（密送）功能列出除主要收信人之外的收信人地址。回复群发邮件时要注意，是否将本来只应该给某一位或几位收信人的邮件不小心发给了一组人。毕竟不是邮件群组里的每个人都关心他人的私人事务。

不要轻易在电子邮件里使用幽默字句，因为有些玩笑用口头表达或手势表达时很有趣，但写在邮件里就可能具有侮辱性，冒犯到对方。一旦造成误会，再解释就很麻烦了。

如果电子邮件有令人生气的内容，务必要保持冷静，不要急于回信反击。不管是生气或者其他，不要在电子邮件里说些你不希望被收信人再转发出去的内容。要知道，除非是使用了加密技术，电子邮件可以轻易被公之于众。有人说得好，“不会写在明信片上的字句，最好也不要写在电子邮件里。”显然，电子邮件不是抱怨研究生导师或院系领导的好地方。

尽管电子邮件看似较为随便，写邮件的人还是应该根据不同场合的需要决定邮件内容的正式程度。如果是写给未来雇主的电子邮件，就应该注意措辞，检查语法错误，最后再通篇校对。如果电子邮件地址中的用户名有玩笑意味，那么在进行与工作有关的电子邮件往来之前，最好还是选用一个更加正式的用户名。

撰写网上读物

已经发表的科技论文经常会以各种形式出现在网络上。很多时候作者在撰写论文时就知道该论文是要放到互联网上供读者阅读的。在撰写各种类型的网上读物时，应该知道一些写作原则（Gahran，2000；Gahran，2001）：行文简单，或将全文划分为意思相对独立且字数不超过 500 字的段落；在正文前给出一段方便读者理解全文的概要；将较长的段落拆分成两个或两个以上较短的段落；为各部分给出清晰的标题以方便读者查找感兴趣的内容；提供清楚和准确的链接；突出关键字词；为增强文章的可读性，使用项目符号列表（或数字列表）来罗列事项，而不是将一堆事项埋没在段落的文字里；提供只有文字而没有图片的、适于打印的版本。

如果作者有自己的博客（即网络日志），则需要考虑以下建议。帖子应当简短，一般来说不要超过 250 个字（相当于双倍行距的一页）；每个帖子都要有一个简练清晰的标题，如果可以的话，标题最好生动一些；保持风格一致（通常，博客适宜采用非正式的对话式风格，但还应当注意单词的拼写和语法，并要在发表之前进行校对）；帖子之间的间距要一致。

世界各地的读者都可以接触到张贴在网络上的材料，所以用全世界读者都能理解的方式来撰写论文就变得尤为重要。因此，应该保持句子简洁直接；避免使用地域性的习语；以及清楚定义国外读者可能不熟悉的词汇（Outing，2001）。注意这些规则，可以使发表在网络上的文章成为对世界各地的读者真正有用的资源。

（黄 芳 译 张 健 校）

第34章　如何撰写外语（英语）科技论文

恰恰因为英语是他们的第二语言，母语非英语（English as Second Language，ESL）的作者可能在语言方面更为精准。

——Mary Boylan（玛丽·波伊兰，美国编辑）

英语作为科技领域的国际语言

英语是当前科技领域的国际语言，但这绝不意味着必须用英文来撰写所有的科技论文。通常来说，发表具有地域性或国家性意义的科研成果的论文（比如在农业技术、社会科学或者医学等领域），最好是以最可能对该成果感兴趣的读者所熟知的语言来撰写。但是，如果某科研成果应该让世界各地的科技同行获知，那么就应该用英语来撰写论文。

不管是在以英语为主要语言的国家还是其他国家，对很大一部分科技人员而言，英语只是第二（甚至是第三、第四或第五）语言。除了通常的写作和发表科技论文的挑战之外，这些科技人员还面临着如何使用外语（英语）来写作的挑战，以及如何与不同文化背景的期刊编辑进行沟通的挑战。尽管有许多科技人员都成功地克服了这些挑战，本章还是为母语非英语的科技人员提供了一些应对这些挑战的方法。

基本要素：内容、结构和清楚程度

好的英语期刊的编辑都希望能出版世界上最好的科技论文，也很希望出版来自世界各地的科技人员的论文。因此，大多数编辑都愿意花费额外精力来出版母语非英语的科技人员撰写的论文（Iverson，2002）。比如，编辑有时会给出详尽的指导来补充审稿人的意见；有时，编辑还会分配额外的工作时间来对内容上乘但英语表达有欠缺的稿件进行特别修改。

因此，不管是对母语非英语还是母语为英语的科技人员而言，他们都与期刊编辑是盟友。不要因为英语不是自己的母语，就不敢与编辑交流。只要所做的科研工作取得一定成果并具有广泛意义，好的英语期刊的编辑就会愿意发表该论文。当然，作者也要做好自己的分内工作。

作者应该做的分内工作就是给出信息全面、结构合理和内容清楚的投稿。一些母语非英语的科技人员会担心自己的英语表达不完美或不到位。事实上，有些科技人员花费过多的精力来润色论文中的语言，从而忽略了一些更基本的方面。尽管编辑会希望看到英语较好的稿件，但是作者不应该为追求英文写作的完美而花费过多精力。如果稿件信息全面、结构合理、内容清楚，编辑和审稿人就可以全面地评估该稿件。如果稿件被录用了，该期刊的技术编辑会愿意对投稿中的英语语法或英语表达方面的错误做必要修改。

但是，如果稿件遗漏了重要内容，或者文章结构混乱，或者语句意思不清，编辑和审稿人可能没办法对该稿件有较全面的理解，从而无法对稿件进行评估。即使他们想要发表该稿件，也需要做大量的修改工作以使稿件得以录用。如果该期刊没有足够的资源来做这份额外的工作，那么该稿件可能就无法发表。即使期刊可以提供这些资源，修改稿件的大量工作也可能会延误论文的发表。

如果稿件中存在一些意思不清楚的地方，或者编辑不能确定对稿件所做的修改是否保持了作者的本意，编辑就会向作者问询。过去，编辑与作者都是通过邮件来沟通交流的，所以对来自国外的稿件，这些问询和回复会严重延误论文的发表。现在，电子邮件的使用极为普遍，不管作者身在何处，都能很快回复编辑的询问。如果稿件已被录用，应该经常检查电子邮件，如有来自编辑的邮件，应迅速做出回复。如果不明白编辑所询问的问题，务必与编辑落实清楚。另外，不要因为英语是某位编辑的母语，就认为这位编辑总是正确的；有时有可能是编辑误解了作者的意思。作者自己有责任确保发表出来的论文正确无误。

需要考虑的文化差异

文化差异存在于人际沟通的各个方面。意识到这些差异有助于作者更好地撰写和发表科技论文。

收到来自母语非英语的科技人员的稿件时，编辑有时候会发现稿件内容的详细程度不令人满意。比如，有些国家的作者投稿，在描述论文中的材料与方法部分的详细程度不能达到期刊要求。由于文化差异，不同文化背景的人在日常会话和正式沟通时给出的信息详细程度不尽相同。最好是先研究目标期刊上已发表的论文所提供的细节类型和所提供信息的详细程度，然后再撰写论文。

文化差异也体现在沟通交流时的直接程度有所不同。在有些文化中，人们倾向于较委婉的表达，有这种文化背景的演讲者或作者在提及主要观点前会先阐述其他相关问题，或者只是暗示出主要观点。但是，西方文化以及优秀的国际期刊都趋向于直截了当的表达，即先给出主要观点，再提供相关的细节。这类期刊所发表论文的典型写作方式是，段首有个陈述该段主要观点的中心句，段落中的其他句子均用于支撑该观点或提供相关信息。在为国际性的英语期刊撰稿前，首先要看看该期刊所发表论文的段落结构，再使用这种结构来组织论文。

文化差异也在时间观念上有所体现。有些文化非常注重速度和效率；而有些文化却偏爱慢悠悠的办事节奏。知名的国际期刊都看重速度和效率，因此，作者应该尽快回复期刊的询问，也应该赶在期刊所提出截止日期之前达到期刊的各项要求，比如，对投稿的修改。如果不能在期刊给出的截止日期前完成任务，应该尽早通知期刊编辑，以便编辑做出相应安排。

文化差异还体现在编辑对逐字逐句引用他人文章中的材料的态度。国际期刊均要求作者在撰写英语科技论文时，用自己的语言来描述文章中的大部分内容，并且要求清楚地标注出摘抄自他人文章的字句。因此，虽然作者可以参考已有文献并从中选用字词或短语，但是不能整段照搬他人原文；除非将他人的原文放在双引号之间（如果引用部分较长，可以用缩进的方式引用,），并对该资料做出注释，否则作者大量照搬他人原文的行为将被视为剽窃。在 www. indiana. edu/ ~ istd 这个网址中提供了如何识别和避免剽窃的指导。

本书第 5 章给出了避免无意间构成剽窃的方法：要清楚注明自己所引用或所下载材料的出处。如果不小心在论文中引用了他人工作而未注明出处，审稿人或技术编辑可能会注意到语言风格上的差异，他们甚至会向作者去信核实文章中某些字句是不是作者本人原创。如果引用的他人工作，碰巧是该投稿的审稿人所做的工作，那么作者无疑把自己置于一个极为尴尬的境地。

一些常见的语言问题

在撰写科技论文时，母语非英语的科技人员经常面临语言方面的挑战，特别是有关动词时态、介词和冠词的用法。只要认真一点，母语非英语的作者还是可以避免这些方面的错误。只要稿件意思清楚，期刊编辑可以帮助作者改正语言错误。

动词时态的规则在不同语言中大不相同，所以对母语非英语的作者，正确使用动词时态是个不小的挑战。第 30 章指出，科技论文的方法与结果部分应该全部或绝大部分采用过去时态；论文的引言和讨论部分则通常要用几种不同的时态。比如，如果陈述已发表的研究成果，则该使用现在时态；如果是总结该论文所陈述研究工作的内容，则应该使用过去时态。除了要遵守本书所给出的一般性的规则之外，还应留意目标期刊所发表的论文中的动词时态情况。

要确定使用哪个介词，这不光对母语非英语的作者来说是个难题，即使对母语为英语的人士也绝非易事。熟知本领域常用的介词短语非常有用，也可以参考指导母语非英语人士的写作书籍或网站。

同样的，如何正确使用冠词（“a”“an”和“the”）也颇具难度，特别是对那些母语中没有冠词的科技人员而言。参考指导母语非英语人士的写作书籍或网站会很有帮助，同样也可以参考已发表的论文。诸如《Scientific English》（Day & Sakaduski，2011）等书也提出了英语写作时应该注意的问题。

母语非英语的作者经常不知道如何在英语正文中正确设立

字距，比如，忘了在前一句的句号后空一格再开始新的一句话，或是在左括弧与括弧中的首字母之间留一空格，或是在参考文献部分留了太多的空格。如果这方面不熟练，那么应该在寄出投稿前仔细检查投稿中的字距。

更多英语写作的策略

一位美国教师在国外教授科技写作课程的时候，发现有位外国科技人员的论文读起来就像出自母语是英语人士之笔。当这位教师提到这一点时，这位科技人员分享了自己的写作策略：仔细阅读自己研究领域中顶尖国际英语期刊上发表的论文，列出每一部分（引言、方法等）中常用的单词和短语；自己撰写论文的时候就参考这个列表。这个策略对母语非英语的作者很有帮助。

总体上，遣词造句要尽量简单。不要试图卖弄自己为应付TOEFL（Test of English as a Foreign Language）考试而学到的又长又难的字词，不要试图炫耀自己用英语撰写长句和复杂句的本领，也不要试图展示自己使用被动语态的本领。要知道，科技论文的目的是进行科技交流，而非向读者卖弄英语水平。论文的许多读者都是母语非英语的人士，他们懂得的英语可能没有作者那么多；同时，用简单明了的英语撰写出来的论文更容易为读者所理解，即便对母语是英语的人士（包括编辑和审稿人）而言亦是如此。

如果可以的话，投稿前请英语非常好的朋友（最好是懂得科技英语写作和编辑的朋友），帮助检查稿件（事实上，如果稿件所陈述的科研工作极好，但英语表达极差，期刊编辑还是可能将稿件退回，建议作者请精通英语的人士修改稿件后再重新投稿）。对稿件的英语表达做修改的这位朋友最好对作者的研究领域也比较熟悉；否则，即使帮助修正了稿件中的语法或拼写错误，还是可能忽略稿件里在科学表达上的一些错误，甚至可能会无意间引入一些新的错误（比如，一位编辑总是把专业词汇“contracture”改成“contraction”）。帮忙审稿的人可以是作者所在研究所或其他研究所里擅长撰写英语科技论文的同事，或是研究所里的专职编辑，或是讲授科技写作课程的老师。有些国家有专职的英语科技写作服务。还可以通过科学编辑委员会（www. CouncilScienceEditors. org）、欧洲科学编辑协会（www. ease. org. uk）和生命科学编辑委员会（www. bels. org）等组织来找到合适的人员帮助做投稿前的审稿。

更多资源

网上有许多可以帮助母语非英语人士撰写英语科技论文的资源。例如，Academic Phrasebank（www. phrasebank. manchester. ac. uk）提供了科技论文不同部分的常用短语，Grammar Girl（grammar. quickanddirtytips. com）提供了有关语法、标点符号、选词等方面的建议。

网站 AuthorAID（www. authoraid. info）也提供了很多相关资源，主要帮助发展中国家研究人员撰写和发表论文。该网站的在线资源图书馆提供了很多资源的相关链接，以及与科技论文写作相关的幻灯片、文章和其他资料。此外，AuthorAID 还有专门用于交流研究成果的博客。通过该网站，科技人员可以找到愿意帮助作者在写作方面给予指导的人士。尽管 AuthorAID 主要面向发展中国家的研究人员，其资源也可以为其他地区的研究人员提供写作上的帮助。正如一名日本的研究人员所说：“对于科技论文写作来说，每个国家都是发展中国家。”

与本书一样，AuthorAID 的目标之一是提高研究人员写作和发表科技论文的能力、技巧和信心。即使英语不是作者的母语，作者也无需气馁。如果投稿被某一国际期刊录用，作者可以考虑庆祝两次：一次用母语，一次用英语。

（黄　芳　译　张　健　校）

第八部分

科学交流的其他题目

第 35 章 如何撰写学位论文

普通的博士学位论文只不过像是把骨架从一个墓地转移到另一个墓地。

——J. Frank Dobie（弗兰克·多比，美国民俗学者、作家）

撰写学位论文的目的

科学领域的博士学位论文用于介绍学位申请人的原创性研究，其目的是证明申请人能够做研究并向人们呈现其研究成果。因此，学位论文应该是和期刊所发表的论文一样要求严格的文章。和科技论文不同，学位论文可以阐述不止一个主题，也可以介绍某些问题的多种解决途径。学位论文可以呈现学生在论文相关研究中获得的全部或大部分数据资料。因此，学位论文通常比科技论文更长、更复杂。但是认为学位论文必须是 200 多页的大部头书的观念是完全错误的。许多 200 页的论文仅有 50 页言之有物，而其他 150 页纯属夸夸其谈。

我们看过许多博士学位论文，也帮助别人撰写和组织过大量论文。在此经验的基础上，我们得出了这样的结论：学位论文写作几乎没有普遍公认的准则。大部分科技文体结构是很严谨的，而学位论文却不是。不同学院间，甚至同一学院同一系别的不同教授之间，对学位论文“正确”写作方式的要求差别也很大。

Reid（1978）和多位科技人员多年来一直认为传统的学位论文已经失去了原有的意义。用 Reid 的话说，“科技领域规定博士学位申请人要获得科学博士学位就必须递交篇幅冗长的学位论文，这个规定早就该取消……冗长的学位论文助长了这样一种错误观点：博士学位申请人从事博士研究工作期间的所有表格、图片、成功的或是不成功的实验过程都得在学位论文中详尽记录下来。”实际上，在某些情况下，学生所发表的论文正是由学位论文的核心部分构成的。

如果说学位论文确实有一定作用，那么其作用就在于检查博士学位申请人的读写能力。也许大学担心将博士学位授予不具备读写能力的人有损大学形象，所以都要求博士学位申请人递交学位论文。从积极的角度来看，博士学位申请人要经历一个学习过程，在具备一定的思想成熟度、科研修养和专业造诣后才能获得博士学位。博士学位申请人的成熟度、修养和专业造诣就体现在学位论文中。

值得一提的是，欧洲的大学对博士学位论文的态度更为严肃。博士学位申请人要在学位论文中证明自己具备成熟和严谨的科学态度，具备从事科学研究并将科研工作表述出来的能力。博士学位申请人要在经过好几年的研究工作和已在主要刊物上发表好几篇科技论文后才有资格递交学位论文，该学位论文本身就是对博士学位申请人多年研究工作的一个综述。

顺便提一下，学位论文（thesis）有时使用单词 dissertation 表示。例如，一些美国大学里将硕士学位论文称为“a master's thesis”，而将博士学位论文称为“a doctoral dissertation”。不管是“thesis”还是“dissertation”，在撰写程度相对较浅的硕士学位论文同撰写程度相对较深的博士学位论文时，所要遵守的规则大致一样。

写 作 提 示

除了所在院系的要求外，撰写学位论文的规则很少。在着手撰写学位论文前，应该查看本院系是否有学位论文写作指南或其他写作规范。如果确实有，就应该拿到写作指南或规范，并严格按照院系的要求来撰写学位论文。否则，可能会由于没有遵守论文格式要求而被延期毕业。如果没有规则可遵循，或者即使有，都应该去院系图书馆查阅往年的毕业生递交的学位论文，特别是优秀毕业生论文。通过查阅以往的毕业论文，可能会从中发现一些共同的特点。在以往行之有效的写作策略对现在撰写学位论文也必有裨益。

学位论文通常包括好几个章节。有时，这些章节同 IMRAD 格式的科技论文中的各部分相对应：引言、方法、结果、讨论。如果学位论文报告了几个不同的研究，那么论文的中间部分可能会对各项不同研究各用一章来陈述。有时学位论文基本是由几篇已发表的科技论文组成的。学位论文中除了各章节外，通常还包括题名、志谢、摘要、目录、图片和表格、略语、附录等。

学位论文中应该给出详尽的文献索引，以显示学位申请人对所研究领域的文献的熟悉程度。就这一点来说，学位论文很像综述性文章。事实上，学位论文的引言或专门的文献综述章节通常会对于学位申请人所做的研究工作相关的文献做全面的综述。此外，对所研究领域的历史有深入了解，这对候选人而言是大有裨益的事情。这样，既能写出在本领域里具有很高参考价值的文献综述材料，又能增进对学科发展史的理解（这可能会是学习生涯中所学到的最宝贵的东西）。

在认真拟好论文大纲后，就可以开始撰写学位论文了。要慎重对待放在各章节的内容。比如，在结果部分，应该只给出自己的实验或理论导出的结果，而不要把他人的研究成果放在自己的结果部分。如果一定要提及他人的研究结果，那么应该在讨论部分给出他人的研究成果，并指出他人的结果与自己的结果一致或冲突的地方。否则，既可能造成表述不清，又可能受到剽窃他人成果的指责。

要特别认真对待学位论文的引言部分，原因有二：第一，应该解释清楚论文研究的是什么问题，为什么要研究该问题，如何解决该问题，在研究过程中学到了什么。如果引言能回答好这些问题，论文的其余部分就能自然流畅地开展下去。第二，第一印象非常重要；语句不通、意思模糊的引言只能让读者彻底失去阅读兴趣。

撰写学位论文是锻炼科技写作能力的大好机会。如果自己的研究工作是由院系的一个学术委员会指导完成的，可以请委员会成员，特别是委员会主席，对学位论文的初稿或修改稿提供反馈意见（如果有权选择自己的学术委员会成员，应该选一两位擅长科技写作也乐意帮助他人修改科技文章的人员作为学术委员会成员）。应该尽早从委员会主席或其他成员那里获得对论文的反馈意见，以避免以后对论文做大幅度修改。

各大学都会保存以往毕业生的学位论文，以便有兴趣的人士查阅。相比印刷版的学位论文，电子版本的学位论文不光为图书馆节省了大量空间，也方便了读者获取论文；同时还方便了学位申请人在论文中加入视频、动画等材料，这在纸质装订的论文中是很难或不可能实现的。因此，现在电子版的学位论文正日益普及。还应该知道院系是否要求提交电子版本的学位论文；如果确有要求，要清楚知道院系对电子版本的各项要求。

何时撰写学位论文

应该早在学位论文递交截止期很久以前就开始撰写学位论文。事实上，每完成一系列实验或完成实验的某方面工作，就应该用文字对实验及结果做记录，因为这个时候还能记得关于实验的所有细节。如果等到所有实验都做完了才动手写作，可能会发现已经不记得一些重要的细节了。更糟的是，到时候可能发现根本没有足够的时间来好好撰写学位论文。如果没有大量撰写科技论文的经验，到了要撰写学位论文的时候就会发现它是一件多么费力、费时的事情。如果将全部的时间都用于撰写学位论文，那么一般要花费大约 3 个月的时间。但是，由于不可能将 3 个月的时间完全用于撰写论文，同时由于很难得到论文导师的及时帮助，所以应该至少预留出 6 个月的时间来撰写学位论文。

如前文所述，学位论文不必从头到尾一口气写完。通常论文的文献综述部分应尽早开始写作，因为现在所做的研究是建立在前人研究的基础之上的。不管做的是实验室研究还是其他调查（如实地研究或社会科学调查），都应该在用过某些方法、记忆仍然完整的时候马上在草稿上把它们记下来。通常，引言部分在完成结果呈现和讨论部分之后拟写最好，这样引言才能有效地引导读者理解下文的内容。

当然，关于论文任一部分的想法可能会随时涌现出来。在研究早期，应考虑为论文的每一部分建立一个纸质或电子文件。当有新想法的时候，可以随时把它们写进相应的文件中。同样，当读到与论文某一部分相关的文献时，也可以把它们列入相应文件或在文件中提及。有了这些文件夹，可以避免遗漏那些对撰写学位论文有用的观点和材料。开始草拟某个部分的时候，写作者可考虑使用这些文件中的内容。

读者可能已注意到上文所说的是“草拟”而非“写作”。一篇好的学位论文可能需要数易其稿，这使一些研究生感到大为惊奇。他们认为在键盘上敲完最后一个字后，论文就可以上交了。但是，如果想在期刊上发表学位论文，通常还需要对文章做大量的修改，以充分挖掘其潜能。根据研究生委员会的反馈意见对毕业论文的内容、组织结构和语言表达进行修改和完善，是研究生教育中一个非常重要的部分。完成学位论文终稿所需的时间可能会比预想的要长，事先对此应做好思想准备。但就完成论文的质量和学到的有助于将来写作的知识来讲，所花费的时间都是值得的。

学位论文的影响

学位论文上只有论文作者的署名，论文作者是学位论文的版权所有人。学位论文和任何在主要期刊上发表的相关论文都会影响到作者的早期声誉和工作前景。一篇言之有物、紧凑连贯的学位论文能为作者提供良好的职业开端，而一篇空洞无物、冗长琐碎的学位论文则对作者毫无益处。优秀论文的作者在写作时总是极力避免写出拖沓冗长、毫无价值的东西。

在为学位论文撰写摘要时要特别认真。大多数大学或研究机构的博士学位论文摘要都会在 Dissertation Abstracts International 上发表，因此更多科技界的同行将有机会读到这些学位论文摘要。

学位论文不应成为科技生涯的拦路虎；相反，学位论文是职业生涯的第一步，也是日后诸多科技写作工作的基石。应该认真准备和撰写学位论文，并利用这一宝贵经验来锻炼自己的写作技巧。你会发现，经过认真准备而写出来的学位论文，以及撰写学位论文期间锻炼出来的科技写作能力，会让自己受益匪浅。

从学位论文到发表论文

人们有时候会提到“发表学位论文”。但是，学位论文本身很少能够直接发表。原因之一是学位论文一般用于证明学位申请人已积累了大量的知识，因此会包含大量材料展示其广博的学识，但是读者对这些材料却并不感兴趣。要想从一篇学位论文中提炼出一篇或几篇可以发表的论文，通常需要进行大量的删减和压缩。更具体的来讲，在学位论文的基础上撰写一篇或几篇科技论文，首先需要确定学位论文中哪些东西是新的、哪些东西是别人感兴趣的，然后用适当的形式以及适当的细化程度将这些内容呈现出来。在图书呈现新知的领域，将学位论文改编成一本书（Germano 2005）常常需要把原稿缩减为适于销售的篇幅，并将其划分为多个章节，同时减少引用和举例，或者使原稿更加通俗易懂、连贯流畅、引人入胜。

完成学位论文后，应该马上在此基础上加工修改后成文后再投稿。即使你已经厌烦了学位论文的课题，疲于应付论文写作和答辩，也应该立即如此做，因为拖的时间越长，思维就越难回归到学位论文上，也越难在此基础上写出一篇适于发表的论文来。更重要的是，如果在学位论文的基础上撰写的文章能够被发表或录用，将有助于你的职业生涯再上一个新台阶。

（魏佩芳　译　张　健　校）

第 36 章　如何制作履历

对我来说，人生的一大遗憾就是我没法成为别人。

——Woody Allen（伍迪·艾伦，美国导演、作家）

何谓履历？履历何用？

商业界常用的是简历（resume），学术界常用的是履历（curricula vitae，CV）。简历和履历的目的都在于提供某人的职业背景信息，但二者在内容和结构上有一定差异。

从字面上来看，“履历”的意思是指一个人的人生经历。履历展示了某人的职业生涯历程。图 36.1 给出了一个研究生的履历。尽管该履历纯属虚构，但其中提供的各部分信息都很常见：地址和其他联系方式、教育经历、荣誉、研究经历、教学经历、出版物和其他职业相关的经历。

履历有很多用途：在提交毕业论文的时候都要提交履历，求职时更是普遍要求提供履历，申请基金时通常也要附上履历，申请终身职位时要提供履历，年度考核时也要履历；如果得到某

JIAN (JANE) ZHANG

Address

123 College Street, #45
Anytown, TX 67890
(987) 654-3210
zhangjian@keepmail.com

Education

XYZ University, PhD, Molecular ABCology, expected May 2012
WXY University, MS, ABCology, August 2008
JKL College, BS, ABCology, *magna cum laude,* May 2006

Honors and Awards

Best Student Poster Presentation, International ABCology Society Annual Conference, October 2010
Regents Fellowship, XYZ University, 2008 to present
Outstanding Teaching Assistant Award, WYZ University, 2008
Alumni Memorial Scholarship, JKL College, 2002-2006

Research

Molecular ABCology of DEF, laboratory of Sally Scientist, XYZ University, 2010–present
ABColological characteristics of GHI, laboratory of Rahm J. Researcher, WXY University, 2007–2008
Effect of D on E, National Institute of ABCology Summer Undergraduate Research Program, Washington, DC, June–August 2005

Teaching Experience

Instructor, Survey of ABCology, XYZ University, Fall 2010
Teaching Assistant, Introduction to ABCology, WXY University, 2007–2008
Tutor, JKL College Learning Center, 2004–2006 (ABCology, Calculus, Chinese)

Selected Extracurricular Activities

Graduate Student Association, XYZ University (member, 2008–present; co-organizer, Student Research Week, 2010–2011)
JKList (undergraduate research journal), JKL College (staff member, 2002–2004; editor, 2005–2006)

Publications

Scientist S, Smith JP, Zhang J. Inhibition of DEF by GHI. *Mol ABCol* (in press).
Zhang J, Researcher RJ. ABC chromatography of GHI. *ABColog*y 2009;27:463–67.
Zhang J. ABColog: historical highlights and current trends. *JKList* 2005;5:79–81.

图 36.1 履历示例（人物及其履历均属虚构）

个奖项的题名，被提名人有时也要向评委会提交履历。但是千万不要像某位不擅社交的年轻科学家那样，在约会别人的时候都出示自己的履历。

如果希望在产业界寻求一个职位，通常准备的是简历而非履历。对刚刚开始职业生涯者而言，简历和履历机会相同。不过，简历通常要在一开始就注明求职目标，并且要详细注明求职人曾经担任的各个职位的工作职责。履历可长达好几页，而简历一般只有一两页，所以简历中的信息通常要高度浓缩。许多网站、图书和大学的就业指导中心都提供撰写简历方面的指导，也提供简历模板。如果要准备简历的话，求职人可以考虑使用这些现有资源。

履历中该写什么、不该写什么？

有时在准备履历的时候，人们会被清楚告知应该在履历里包括哪些方面的内容和使用哪种格式。比如，有些大学对所有教师的履历有详细的要求。同样，一些基金组织也会明确要求基金申请人的履历中应包含哪些信息。不同学科和不同机构要求的履历结构和内容不尽相同。因此，在制作自己的履历时，参考别人的履历或请别人帮忙审阅草稿可能会有所帮助。关于履历包括哪些内容以及如何呈现它，可以上网查看同系其他同事或同领域顶尖科学家的履历。

在履历中的出版物部分要列出已经发表的文章，也要列出所做过的主要演讲，如在全国性会议上所作的论文交流。在列举已发表的文章时，采用标准的参考文献格式（参见第 15 章），就像所属研究领域中的知名期刊所采用的参考文献格式一样。如果某篇论文已被录用但尚未发表出来，就该对论文注明“出版中”（in press）。如果某篇论文已投稿，但尚未被录用，或者某篇论文尚在筹备中，就不要把这篇论文列在出版物部分，但是可以在履历的研究经历部分提及该论文所做的研究工作。

履历要紧紧围绕个人的职业经历。一般在履历中不要提及私人信息，如生日、婚姻状况、健康状况、爱好等，也不要在履历中提及社会保障卡号以及其他个人身份证件号码等信息，特别是在存在身份盗用可能的情况下。

当然，也不要在履历中夸大个人成绩。这样做不仅欺骗了他人，如果被发现还会影响你的职业生涯。如果觉得在履历的某个部分没有什么好提及的，就删除那个部分。不要像一些学生那样，在履历中列出“所获荣誉”（Honors）部分，然后在下面写“无”（None）。

其他一些建议

履历通常都采用逆时间顺序，也就是在履历中的每一个部分按照时间上由近及远的顺序来排列各项内容。当然也有一些履历是使用顺时间顺序的（即按照时间上由远到近的顺序来排列各项内容）。不管是使用哪一种顺序，在同一份履历中要保持使用同一种时间顺序。

你会使用别名来代替正式名字吗？如果会，在履历中除给出个人姓和名外，还可以在括弧里给出别名。如果除了母语名字外，还有一个英文名，也可以在括弧里给出该英文名。如果通过姓名很难让读者正确判断出履历人的性别以致读者不知道该如何称呼履历人的时候，可以在履历中注明性别，或是在姓名前加括弧并在其中注明是“Mr.”还是“Ms.”。当然，如果履历人有博士头衔，完全可以在姓前加上中性的“Dr.”。

为方便他人在看到履历后同履历人联系，最好在履历中留下比较固定的联系方式。比如，学生的居住地址很可能会变动，所以在履历中最好给出一个长期的联系地址（比如父母的住址）或是给出相对固定的电子邮件地址或手机号码。

如果履历中有从字面难辨其实质内涵的称谓，可以在括弧中给出简单注释。比如，在履历中可以这样写“Huth Award (for excellence in scientific writing)”或“Johnson Club (astronomy interest group)”。

还可以考虑针对不同用途制作不同的履历。如果想在科研实验室或教学机构工作，可以制作两份履历，一份突出研究经历，一份突出教学经历。即使不同的履历包含了相同的信息，也可以根据需要调整信息的顺序。

经常更新履历，这样在需要使用的时候就可以随时拿出。当然，不要忘了检查履历以免发生错误。

撰写求职信

求职的时候不光要准备履历，可能还需要准备求职信。求职信为求职人提供了一个进一步介绍自己的机会，也有助于展示求职人的沟通技巧。通常求职信的长度为一页，绝对不要超过两页。

尽量在求职信里称呼收信人的姓名。收信人的姓名一定要拼写正确。如果不确定收信人是男是女或者不确定收信人是否有博士头衔，应该试着查找相关信息（比如上网查询）以确保使用的称谓合适得体。如果找不到相关信息，就用全名来称呼收信人（比如“Dear Kelly Jones”）而不要用类似“Dear Mr. Jones”这样的敬称。如果无法得知收信人的姓名，就可以使用“To Whom It May Concern”或者更有针对性的“Dear Selection Committee”。在没有确定收信人是男士前，不要贸然使用“Dear Sir”。正式信件中在称呼之后一般都是用冒号而不是逗号。

求职信开头要明确指出申请的职位。不要使用类似“the opening in your department”这样的模糊字眼，以免误投不合适的职位。还要在求职信开头注明求职人的资历。不如，可以说“As a recent recipient of a Ph. D. in molecular ABCology from XYZ University, I am applying for the postdoctoral position in DEF research that was announced in Science last week。”

在求职信的中间段落要详细介绍应聘该职位所具备的能力，可以使用让收信人参见履历的方式来介绍各项能力（“As noted in the accompanying curriculum vitae…”），要指出这些能力如何达到该职位的招聘要求。这样，求职人可以在求职信中对履历中的要点进行详细说明。例如，求职人可以总结自己所做过的研究工作，可以说明自己擅长的技能，也可以详述自己作为教学助理期间的工作内容。

在求职信中不要提及薪酬。当雇主表示雇佣意向后，求职人再把薪酬问题提出来与雇主讨论。

求职信的结尾要充满自信，但不能显得自负。不要使用论断性的字句，如“Thus, I am the ideal candidate for the assistant professor-ship in molecular ABCology. I look forward to receiving an interview.”合适的说法是：“Thus, I believe that my background qualifies me well for the assistant professorship in ABCology. I hope to hear from you soon about the possibility of an interview.”

撰写个人陈述

有些申请还需要申请人提交个人陈述（personal statement）。比如申请入学或申请基金的时候，申请人就要提交个人陈述。

个人陈述是描述与所申请的职位或基金紧密相关的职业发展历程的一篇短文。个人陈述一般按照时间顺序来组织全文。

个人陈述的第一段通常是一个简短的总结，概述申请人目前的兴趣和主要的相关活动及下一步的发展方向。第一段还可以简要提及与所申请职位或基金相关的经历，以证明这个申请决定的合理性。

如果申请人的过往经历不同寻常（比如，以前从事其他的职业，或者接受教育较晚），申请人在个人陈述里就要对此作出解释。不要让别人在看完申请材料后还心存疑虑。如果在个人陈述中提到曾经克服过的困难，要使用积极而非辩护式的语言，要向阅读该陈述的人证明自己能用成熟而又睿智的方式看待问题。

个人陈述要写得充满自信，但是又不能显得自大。撰写个人陈述时要遵从写作的基本原则，要用事实打动读者。比如，如果要在个人陈述中展示自己的领导才能，就可以描述自己曾担任过的领导职位，特别突出最重要的领导职位，提及自己在领导才能方面获得过的奖项。不要像一位“住院医师”申请人那样来撰写个人陈述“First, I have great bedside manner…Second, I have excellent technical skills. Third, and most importantly, I have a humble spirit.”

个人陈述中尽量避免提及与所申请职位或基金不相关的个人信息。特别不要提及个人的政治或宗教信仰，否则，可能会开罪那些与自己政治或宗教信仰不同的人。即使阅读个人陈述的人持有相同观点，也可能会觉得陈述者不够专业和专一。

最后，要运用本书中给出的写作原则，组织好个人陈述中的语言。那些审阅申请信、履历或个人陈述的人都很忙，所以申请人就有必要讲清楚自己的背景如何，自己的现状如何，自己有什么计划，等等。这样，申请人也就有更多机会得到审稿人的认同和支持。

（魏佩芳　译　张　健　校）

第 37 章　如何撰写基金标书与项目进度报告

擅长撰写基金标书的人很大程度上都是以推销自己的想法来安身立命：一份优秀的基金标书就是一份优秀的营销文案。

——Janet S. Rasey（珍妮特·S·拉赛，美国华盛顿大学研究基金处负责人）

为何撰写基金标书

科学研究需要资金。科研需要的资金一般来自政府部门、私人基金组织或其他渠道。所以，要想在职业道路上顺利发展，大多数科研人员必须能够成功申请到科研基金。

基金标书（grant proposal）的目标就是要说服基金组织对某一科研项目提供资助。要获得资助，申请人递交的基金标书必须在以下方面说服决策人：

- 要求资助的科研项目具有重要意义。
- 此科研项目的目的与该基金组织的使命或职责密切相关。
- 此科研项目的研究方法切实可行。

• 参与此科研项目的人员具备完成此项目的能力。

• 申请人或申请人所在机构具备开展此科研项目所需要的设备。

• 所申请的资金数额合理。

申请基金时的竞争非常激烈，写得好的基金标书才有可能获得垂青并最终得到资助。就像撰写科技论文时应该做的一样，写好基金标书的关键在于参考成功的基金标书，严格遵守基金申请的要求并反复修改。

寻找研究资金

如何寻找适合项目的潜在资金来源呢？在研究培训的过程中，可能会知道一些本领域内主要的基金组织。事实上，如果基金申请人参与了某个活跃的研究小组，那么其导师可能就会花大量的时间来撰写基金标书。

导师可以为寻找资金来源提供好的建议，同事和领导也可以提供相关帮助。许多机构、基金办公室以及研究室还公布了基金申请信息。公开刊登或张贴的征求方案书和基金申请指南都是对申请基金有用的信息。本领域或本机构的电子邮件也可能会提供一些基金申请的机会。有时通过上网搜索也能发现一些基金项目来源。同时，阅读与自己研究工作相关的科技论文时，也应注意一下基金的来源，这些信息可能会在志谢部分或者文章开头/结尾的注解部分说明。通过上述做法可以发现一些自己不曾想到的资金来源。

当你找到潜在的资金来源时，要注意关注这些组织对基金标书的要求。例如，递交申请的截止日期是什么时候？如何获取基金申请指南？可以直接递交基金标书，还是需要先提供有关申请项目的初步信息？

意向书与初步标书

一些基金组织要求基金申请人在刚开始要提交一些初步的信息，有时要求提供的就是一份意向书，其中说明申请人针对征询方案书制订的计划并简要描述准备申请的研究项目。基金组织可以通过这些信息来制订工作计划——比如，开始招募具备适当专业知识的同行审稿人，从而使标书能够得到及时审阅。

有些基金组织则要求基金申请人必须提交初步标书（有时也叫做咨询信或预标书）。初步标书在本质上是基金标书的简略版。基金组织通常在同行评议专家指导下根据初步标书决定哪些申请人可以递交完整的基金标书。有关初步标书的反馈意见对申请人撰写完整的标书以及以后准备初步标书会有所帮助。初步标书使基金组织不必浪费时间去审阅根本不可能赞助的研究项目的完整标书，也使基金组织能够参与到研究项目计划的制订中来。初步标书还省去了申请人花费大量时间来准备几乎不可能获批的基金标书的工作。

但是，初步标书也需要精心的准备，也需要像撰写完整的基金标书一样思维严谨。初步标书要简明扼要，既要简短又要言之有物，但做到这点并不容易。因为获得提交完整标书的机会关系重大，因此在撰写和修改初步标书上花费的时间是非常值得的。

标书的常见组成部分

如果初步标书被接收或者想直接申请基金，那么就要将基金标书的篇幅和结构确定下来。基金申请指南应该能在这方面提供一些指导，但是有些方面是需要申请人自己决定的。

基金标书的篇幅长短不一，不同基金组织对基金标书的篇幅要求不同。一些大学内部的小额资助项目的标书有时才一页，但是重大的基金项目标书一般都很长。

不管篇幅长短，好的基金标书一般都包括与项目相关的背景信息、目标陈述、研究计划（如果是教育或服务性的项目，申请人要提供活动计划）、经费预算、有关项目组成员资历的信息（比如履历）等。如果基金标书长达数页，通常还要加上标题页和摘要。

如果基金标书非常长，最好也提供一些其他材料，包括递交信（letter of transmittal，类似于科技论文投稿时的投稿信）、目录、表格列表、图片列表、项目可能产生的影响、推广研究成果的计划以及有关实验设备或器材的信息。重要的基金标书一般要引用参考文献并附上文献列表。

有些基金标书还提供附录，以便评审人需要进一步信息时查阅。附录中有时也包括已被录用但尚未发表的论文、项目合作人的证明信或者活动计划的细节材料。基金申请人要清楚地知道，评审人并没有义务非看附录不可，所以申请人最好在基金标书的正文就给出所有关键信息。

撰写标书之前的准备工作

只有基金标书符合基金组织的最大兴趣和利益的时候，该项目才有可能获得资助。因此，在着手撰写基金标书之前，要确定申请的科研项目属于该基金组织的资助范围，仔细阅读该基金组织关于这方面的书面材料。如果有不清楚的地方，应随时联系该基金组织里负责为基金申请人提供指导和建议的工作人员（有时称为项目专员）。如果想知道自己的标书能否得到基金组织的认真考虑，申请人也可以咨询项目专员，他们也许能提供一些调整修改的建议，增加申请获批的机会。如果期望获得资助的科研项目不属于该基金组织的资助范围，那么最好再换一家基金组织继续申请。

就像撰写科技论文一样，撰写基金标书时参考优秀的基金标书既节省时间，免去了各种不必要的猜测，又加大了申请获批的机会。可能的话，最好是参照同一基金组织曾经批准的同一类型的基金申请报告。如果曾获得同一基金组织资助的同事愿意分享他们的标书，那么也可以拿来作参考。同时，基金组织里的工作人员也会提供一些样本供申请人参考。此外，有关基金申请的图书（Pequegnat and Stover，1995）和其他一般性的科技写作图书（Penrose and Katz，2010）上也都会提供优秀基金标书的样本和相关材料，网上也有一些获批基金标书的范例（funding. niaid. nih. gov/researchfunding/grant/pages/appsamples. aspx）。

撰写标书

申请人应该早在申请方案递交截止期之前很久就开始着手撰写基金标书。如果要完成的申请方案篇幅很长，特别是需要与他人合作完成的时候，至少要预留 6 个月的时间来撰写申请方案。如果没有撰写基金标书的经验，或者英语写作不是自己的强项，应考虑向同单位或者自由职业的专业科技写作人员或编辑寻求帮助。如果想达到最佳效果，最好早点向专业人员寻求帮助；如果在截止期前一天才把写好的基金标书给别人评阅，那么人家也只能做些非常表面化的修改。

要仔细阅读基金申请的所有规定，并在撰写方案的时候认真遵守这些规定。要提供申请所需的所有信息，并且要严格遵守篇幅和格式方面的其他要求。没有遵守规定的基金标书可能未经评审就会被取消获批资格。因此，在递交基金标书之前要再对照申请要求检查一遍。

应该根据评审人的背景来确定基金标书中的专业水平。政府部门通常都有懂得申请人所在研究领域的科研人员，他们具备评审专业性很强的基金标书的能力，这种情况下，基金标书应该具有较强的专业性。但是，一些私人基金组织的理事会中会有一些非专业的评审人，递交给这些组织的基金标书不用太专业，其技术深度应同科普期刊上的文章大致相同。如果不清楚评审人的专业背景，也不知道基金标书的专业水平该如何，可直接向基金资助机构咨询。

不管基金评审人的专业背景如何，基金标书都应该写得清楚易懂。评审申请方案的著名专家通常都非常忙，有大量的申请方案在等着他们评审；他们没有时间对某份基金标书反复琢磨，因而那些清楚易懂的基金标书就比较容易获得青睐。当然，写得清楚易懂的基金标书也为那些非专业的评审人理解方案提供了很大便利。要写出清楚易懂的基金方案，就要组织好各部分内容，先给出方案概貌再提出方案细节，尽量使用简单通俗的语言，不用冗言赘语，擅用但不滥用标题、黑体和斜体等格式，遵守基金申请指南中给出的写作要求。必要情况下，可使用表格、图片或其他视觉资料；同时要保证这些材料准备充分，安排合理。

如果基金标书包含摘要，要对它足够重视，务必使其言之有物、结构合理、表达清楚。原因有几个：有些基金组织至少会部分地根据摘要来选择基金标书的评审人；如果摘要具有误导性或者表意含混不清，基金组织可能会把该方案分派给不甚合适的评审人，从而导致该基金标书得不到最恰当的评价。而且，评审人通常通过阅读基金标书的摘要获得对该方案的第一印象，而拙劣的摘要常会使评审人对项目方案产生不好的印象。此外，评审人在对该方案进行讨论前，一般会再次阅读摘要以唤起对方案主要内容的记忆；所以在方案的讨论和评定阶段，好的摘要也给申请人带来很大优势。

基金标书的题目应简明扼要，这样能够突出重点，有助于抓住读者的注意力，塑造良好的第一印象。这样的题目也方便评审人和其他相关人员提及该项目申请。此外，拟写一个简明清晰的题目也有助于申请人撰写一份内容充实凝练的基金标书（Friedland and Folt 2009）。但是，撰写标书的过程中可不必拘泥于最初拟写的题目，在准备和修改方案的过程中，不断修订题目会使其更加合适。这里想要强调的一点是，标书的题目应当引起足够的重视。题目绝不应该在最后快要上交标书的时候才加上去。

许多基金申请要求申请人使用基金组织提供的标准申请表格。这些表格可以通过网络获取。很多时候，填写后的申请表格可以在线提交。总之，申请人在撰写和提交基金标书的时候都要遵循基金组织的要求。

如果基金标书的部分或全部是由独立正文组成的，则要编排好这些文字的格式以便审稿人阅读。如果基金组织对字体、字号和边距等有详细的要求，一定要遵守这些要求。如果没有具体的要求，一般应使用标准的印刷字体（如 Times New Roman），10～12 磅的字号，1 英寸（约 25mm）或稍微再大点的页边距。另外，除非特别注明，文字一般都是左对齐而不右对齐。千万不要为了想在每一页多塞进一点文字而把字号、页边距调得太小；否则，评审人会觉得排版很不美观，从而对该方案产生排斥心理。

申请遭拒的常见原因

有经验的基金标书评审人和基金组织工作人员已经指出了一些申请遭拒的常见原因。如果申请人知道并避免了这些问题，就能增加申请获批的机会。

申请遭拒的一个常见原因是申请人没有遵守申请要求；这种情况还是比较容易避免的。糟糕的语言和松散的结构也是造成基金项目被拒的原因之一。还有一个原因就是申请人对相关领域内已发表的作品了解不够。因此，应该仔细阅读相关文献，并且在标书中适当地引用；还要确保引用的所有文献都正确无误。要知道，评审人很可能会对基金标书所属领域非常了解，他们可能还撰写过标书中已引用或应该引用的文献。

基金标书遭拒的其他原因还有：研究计划缺乏原创性、研究计划表面化或不够深入、研究计划未经严密的科学推理。（研究计划中所做的一个或几个假定是否有理论或事实依据？研究计划是否只是为了找到一个有趣的研究课题而开展的试探性研究？）研究方法方面的问题也会导致基金申请遭拒，比如，对研究方法缺乏精确的定量控制，或者没有提及如果前期研究方法失败应该采用哪种研究方法来替代。缺乏关于主要研究方法的经验（或是没有在标书中说明这样的经验）也是基金标书遭拒的一个原因。如果申请人没有给出足够多的实验细节，评审人很难相信申请人已对将开展的科学研究进行了充足准备。参照该基金组织以往接受的基金标书，申请人就可以知道在自己所写的标书中应包括多少细节和方法描述应达到怎样的专业水平。

很多时候，“雄心勃勃”（ambitious）是赞美之词，但是基金标书不能太“雄心勃勃”。在方案中提出太多不现实的东西也会导致方案被拒。要知道，实验过程中可能遇到各种难题，实验过程中会有这样那样的干扰，还有其他各种因素，这些都会延缓项目进展。所以，最好是提出一个难度适中、工作量合理的研究计划，而不是一个看起来“雄心勃勃”的计划，让评审人相信申请人能够顺利完成这个研究计划。

如果基金标书中的预算不合理，也会导致方案遭拒。所以申请人要认真进行成本预算；如果预算太高，申请人会显得太幼稚或太贪婪；如果预算太低，申请人也会显得太幼稚，同时如果基金标书批准下来，申请人也不得不在资金不足的情况下去完成这项科研项目。

其他要注意的问题

还要避免出现其他一些常见问题，其中一些问题是实质性的，另一些则是文字性的。

有些类型的研究要求在基金标书中给出初步实验数据。所以要查明自己所申请的基金是否需要提供初步实验数据，并且按照要求撰写标书。

基金标书里要给出合理的经费预算。不要期望基金组织会承担一台新电脑或者一趟去夏威夷的旅费，除非申请人能够说明这些花费对完成该科研项目有何重大意义。许多科研机构里都有擅长做基金项目预算的人员，他们能为申请人提供帮助。有一个做预算的专业人员在某本书的一个章节中（Lweis 2008）为研究人员提供了关于基金预算编排的详细指导，其中包括一个虚拟的大型预算案和预算辩护报告。

如果要申请资助的是服务性项目，如科学教育项目，还要记得在基金标书中给出对项目进行评估的计划，还应该考虑给出一个项目进度表，注明在什么时候将完成项目的哪些相关工作。

要认真编辑整个基金标书。特别要注意保持前后的一致性。有时光顾着修改标书的正文却忘了修改摘要，这样就容易出现前后不一致的问题。还要注意不要乱用、滥用略语。一般只使用或主要使用评审人都知道的略语。如果要使用很多略语，最好是制作一个表格，在表中列出所有略语及其定义，以供评审人查阅。

再次递交基金标书

如果基金标书没有得到批准，也不要过分沮丧。基金组织可以赞助的科研项目有限，而收到的基金标书却数目众多。而且，有些基金组织会接收批准初次拒绝而修改后符合要求的标书。

如果一份基金标书没有获批，但是评审人反馈的意见总体上是肯定的，那么申请人就要不断地再做尝试，把修改后的基金标书再投给同一基金组织或其他基金组织。在对基金标书做修改的时候，要像修改投稿的论文时一样，充分利用评审人的建议。

如果要将修改后的基金标书递交给同一家基金组织，一般应该附加一个列表，逐点说明标书是如何按照评审人的意见修改的。（当然还要查看重新提交标书的要求）。如果评审人指出了一个问题，而申请人想出的修改方案与评审人的建议不同，那么应该说明自己将如何做以及这么做的原因。申请人在文中所做的修改可以在排版上表现出来，比如可以使用 Word 中的“修订”功能。同时，还可考虑咨询所申请基金项目的项目专员。项目专员观察了同行评议的过程，对于如何修改标书可能会有好的见解，而且项目专员也非常了解重新递交标书的程序。因此，他们能够为标书的内容和呈递提供指导和帮助。

要不断地努力，因为写出好的基金标书需要的不光是技巧，还有毅力。从最终结果来看，撰写基金标书的主要目的是为研究工作争取充足的资金。但即使申请没有成功，在准备基金标书的过程中，也会学到很多知识，产生新的想法，建立良好的社会关系，这些对研究工作都是十分有益的。

最后两条建议

关于撰写基金标书还有两点建议：

第一，建议在撰写和修改基金标书时，要想象自己是在撰写完成科研项目后的科技论文。手头是否已经具备写作需要的各方面信息？如果没有，就要修正研究计划。

第二，关于措辞方面的建议：有时科研人员会说自己正在“撰写基金”（writing a grant）。但是基金本身就是钱的意思，而不是方案或申请的意思。所以，如果有人说自己正在撰写基金，别人就可以问“While you have your checkbook out, please write a grant for me.”

撰写项目进度报告

有些基金组织、项目资助人或者指导研究生工作的导师，会要求项目负责人在项目开展期间定期提交项目进度报告。项目进度报告能够帮助读者了解项目进展是否顺利，是否需要对研究计划和赞助资金数额等做出调整。撰写项目进度报告也能激励项目参与人抓紧开展工作。撰写项目进度报告不仅能帮助项目参与人了解项目进展情况以及在必要时调整研究方法，还为日后拟写与项目相关的演讲稿和科技论文提供不少便利。

报告的基本结构

如果项目进度报告接收人规定了报告结构，那么当然要使用该结构来撰写报告；如果有指定的表格（比如，关于经费使用情况的表格）要填写，要按照要求来填写。像撰写基金标书时一样，撰写项目进度报告时也要遵守各种规定。如果可以拿到相关项目进度报告的样本，最好还是参考一下。

通常，项目进度报告有三个主要部分：背景（background）、当前状态（current status）、结论（conclusions）。背景部分主要是综述项目的总体计划；现状部分介绍目前为止取得的进展，并与预期进展相比较，描述项目进展期间遇到的主要问题；结论部分做出总体评价，并基于项目进展情况对最初的研究计划提出调整意见。

一些建议

在撰写项目进度报告之前，应该查看一下该项目的方案或计划。一般而言，项目进度报告的结构应与项目方案的结构一致。比如，如果项目方案中包含三个子项目，在项目进度报告中就要对每个子项目分别做报告，并且采用同项目方案中一样的题名。

项目进度报告一定要具体。比如，要给出相关的数字、名称或日期。必要情况下，要使用表格和图片。为方便读者阅读与理解，在项目进度报告中要恰当地使用标题和其他排版工具。

项目进度报告要显得积极向上、充满自信。但是不要试图掩盖项目进行期间遇到的问题。如果在项目进度报告中指出问题，还要给出解决问题的方法。

如果为同一个项目撰写一系列的项目进度报告（比如，资助期为5年的基金项目的年度报告），那么每份进度报告的格式应该保持一致。这样，不仅让写作工作轻松不少，也能方便读者比较前后两份进度报告的内容。使用文字编辑器，可以轻易地将前次报告复制下来，更新后生成新的项目报告。当然，要记得在新的项目报告中做必要的修改。

要认真编辑项目进度报告，并仔细检查以确保内容准确、信息完备、意思清楚、表达简明。好的项目报告不光记载项目进度情况，还能反映报告人的严谨作风。

（魏佩芳 译 张 健 校）

第38章 如何撰写推荐信以及请人写推荐信

从忘忧湖传来消息：这里的女人健壮，男人英俊，小孩非凡。

——Garrison Keillor［加里森·凯勒，美国“忘忧湖”（Lake Wobegon）电台节目主持人］

在科学界，即使是研究生助理也经常被请为本科生写推荐信。研究生、博士后或同行也常会请求科学家给自己写推荐信。写推荐信要耗费大量时间，但是如果方法得当，就能高效地写出很好的推荐信，这样既服务于有资格的申请者还费时不多。同样，如果方法得当，在自己需要推荐信的时候，也可以又快又好地获得他人为自己写的推荐信。

决定是否写推荐信

面对他人写推荐信的请求，你要知道：这只是一个请求而已，所以自己完全可以回绝。如果无法对他人做出一个客观而有利的评价或者无法在截止日期前完成推荐信，就应该立即拒绝对方的请求，好让其另托别人。如果无法为被推荐人做出有利的推荐，可以巧妙地告诉对方："我想更了解你的人能写出对你更有利的推荐信。"这样，请求写推荐信的人自然会去找其他的推荐人。但是，如果对方一再坚持，你很可能得用更直接的措辞来拒绝了。

如果相当了解请求写推荐信的人，而且认为对方正在申请的职位并不适合，可以考虑与对方见面交谈以决定是否要为对方写推荐信。会谈时，请求写推荐信的人可能会提供一些信息，而这些信息足以改变你的想法，并帮助你写出更有说服力的推荐信。也许对方在会谈时同意你的观点，但又迫于压力不得不申请某个职位（"我本想从事实地研究，可家人却总希望我成为一名内科医生。"或者"我以为如果不申请暑期奖学金会让你失望。"）有了你的支持，请求写推荐信的人或许能更好地追求自己最大的兴趣。

请求者不应该认为推荐人马上就为自己写好推荐信。如果有很多人同时要求你写推荐信，要考虑告诉对方自己在截止日期前一般需要多长的准备时间。

如果你特别愿意为某些人写推荐信，就应该尽早告诉他们，这样既让被推荐人不必紧张，又能保证有资格的人得到强有力的推荐。

收 集 信 息

写推荐信如同写科技论文一样，前期工作包括获取写作要求，收集相关材料、整理数据以及熟悉相关范例。

除了清楚推荐信的截止日期和提交方式外，还要收集有用的信息，包括需要填写的推荐表（如果未被提供在线链接）、对被推荐人所申请获得机会或荣誉的描述、被推荐人的简历或履历、被推荐人的成果范本，还可以包括你自己保存的文档，比如被推荐人所修你讲授课程的成绩单或以前给其写过的推荐信。如果被推荐人事先应该填写推荐表的部分内容，就要检查其是否做到了。

推荐信内容和长度的规范视不同领域或文化背景而异。因此，如果你没有见过要写的那种推荐信，最好先拿到一些范例。资历较老的同事可能会拿出他们以前写的推荐信供你参考，或者他们会对你的推荐信草稿提出意见。你如果担任过评选委员会成员，或许接触过许多类似的推荐信，会对推荐信的规范有所了解。

写推荐信

就像使用 IMRAD 格式为科技论文写作带来方便一样，使用常用的推荐信格式也可为写推荐信节省工夫。以下就是一种有效的推荐信格式：

在推荐信的第一段，指出因为什么事推荐什么人。第一段可以只有一句话，就像这个例子："我很高兴推荐 ××× 大学的大四学生 ××× 能被 ××× 大学 ×××（领域名称）的研究生项目所录取。"（"I am very pleased to recommend [name of candidate], a senior at [name of university], for admission to the graduate program in [name of field] at [name of university]."）用黑体加粗被推荐人的姓名能使收信人一下就知道被推荐人是谁，从而对这封信合理归档。

在第二段，讲一下如何认识被推荐人的，比如"我认识 ×××（被推荐人的姓）女士已有一年多了，她大三时选修了我教授的 ××× 课程。自六月起她还通过我所在大学的本科生研究课题在我的实验室工作。"（"I have known Ms. [surname of applicant] for more than a year. As a junior, she took my course [title of course]. She also has worked in my laboratory since June through our university's undergraduate research program.")

然后在下面一、两段对被推荐人进行评价。评价时尽量要具体，比如不要只是说被推荐人是个优秀的学生，而要给出被推荐人取得过的具体成就，还可以给出其排名情况；合适的话，指出被推荐人的学术或专业特长以及相关的性格特点。当然，要根据被推荐人的申请目标来调整推荐信的内容。

推荐信的最后一段做总结。可以这样写："总之，我认为×××（被推荐人的姓）先生是×××（被推荐目标）的一位出色候选人，所以我极力推荐他。"（"In sum, I consider Mr. [surname of applicant] an outstanding candidate for [name of opportunity]. I recommend him with enthusiasm."）在标准的信笺结束语"您真诚的"（"Sincerely""Sincerely yours"）或"忠实于您的"（"Yours truly,"）后附上你的签名。在签名下面要写上你的姓名及头衔，比如×××（领域名称）副教授。推荐信通常要用正式的、有学校或单位名称和通讯地址的纸张来打印。

有时，因申请研究生院或工作，可能向同一位推荐人求几封推荐信。为了节约时间，最好一次性把几封或所有推荐信都写好。比如，虽然不同研究生院的推荐表不尽相同，但一次性把所有推荐材料都准备好还是会节省时间。如果研究生院要求使用推荐表，可以将自己对被推荐人的评语写在推荐表上，也可以附上推荐信。如果已经在为这位被推荐人写推荐信或者要为其完成多封推荐信，就可以采用后种办法，这样会节省不少时间。

如果觉得被推荐人日后可能还会请求自己写推荐信，那就将填写的推荐表留底，并且至少保留推荐信的电子版本。这样以后再为该推荐人写推荐信就会相对快捷、简单了。

轻 松 一 刻

写推荐信时可能会想："该推荐人以后可能会利用合法权利读到我给他写的推荐信，如果推荐信的内容不合他意或者内容根据不足，他甚至会起诉我。"针对这种顾虑，Lehigh 大学的一位教授想出了一种"模棱两可推荐的词汇库"（Lexicon of Inconspicuously Ambiguous Recommendations，LIAR）（Thornton 1987）。比如，可以这样描述一位不甚勤奋的人："依我看，您如能让他为您工作，将无比幸运。"如想找到更多的例子，可登录 Google Books，查看 Robert J. Thornton 编写的《模棱两可推荐的词汇库》（"*The Lexicon of Inconspicuously Ambiguous Recommendations*"）。

请人写推荐信

如果想找人为自己写推荐信，以下建议（大多数与前面的那些很类似）可以让你有效而得体地获得。

由于提供推荐信的科技人员等人通常很忙碌，因此，要尽量提前联系他们，给推荐人至少两星期的时间写推荐信。如果请求同一人为自己写好几封推荐信，最好给推荐人留出不少于4～6周的时间。

如果担心推荐人一时想不起你，那就尽量提醒对方。比如说，如果通过电子邮件与对方联系，可附上自己的照片，或在邮件里提及使其想起你的信息（如你选修推荐人某门课程一次课堂发言的话题）。

根据推荐人的反应采取进一步行动。如果推荐人似乎很乐意写推荐信，就立刻为对方提供所需的信息。如果推荐人犹豫不决或者迟迟不予答复，可以直接询问对方另寻推荐人是否明智之举。这样做可使自己不至于陷入尴尬境地，或者得到迟到的或不冷不热的推荐信。

整理好写推荐信所需的材料。除了推荐表，还应附上履历或简历、所申请专业的描述、本人工作范本等。合适的话，以电子版本形式将这些材料提供给推荐人。如果要求将写好的推荐信直接邮寄给接受方（而不是由推荐人提交电子版或推荐人将推荐信放在封口并签字的信封内交还你，由你将其他材料一并寄给接受方），还要为推荐人提供已付邮资和写好收信人地址的信封。

推荐人在寄出推荐信后，通常会以电子邮件或其他方式告知你。如果没有收到推荐人的通知，应该在推荐信截止日期前几天有礼貌地向对方查询。

请人为自己写推荐信之后，一定要做后续工作。至少应写电子邮件感谢推荐人，尤其当推荐人为你写了多封推荐信，最好给对方寄一张感谢卡。如果申请成功，就应该告知推荐人，比如，告诉对方你要就读哪所研究生院或者开始一份什么样的工作，并再次向推荐人表示感谢。

总而言之，要设身处地地为推荐人着想，那么推荐人也会以同样的方式对待你。

（范晓晖 译 张 健 校）

第39章 如何与媒体打交道

每当有记者向我走来时，我总希望手上有杯马蒂尼酒为自己壮胆。

——Jonas Salk（乔纳斯·索尔克，美国实验医学家、病毒学家）

采 访 前

无论是新闻稿吸引着记者要报道你即将发表的科技论文，还是发生了地震、流行病或者政治事件，或者是你获得某项奖励，你都会被记者采访。怎样配合记者才能确保公众获得准确的科技信息呢?

首先，要知道为什么要与记者配合。如果你的研究由政府资助，那么公众有权了解其进展。并且，作为我们文化的一个重要组成部分，科学理应得到新闻报道。科技信息还能帮助个人或组织做出正确决定。此外，向公众普及科学知识能吸引学生走上科学研究之路。大众媒体的报道也能增加公众对科学以及你所在机构的支持。

你所在机构的那些专门处理媒体关系的工作人员可能会准

备新闻稿，帮助记者找到相关接受采访的专家，他们也会提供接受电视采访的建议。美国“国家科学作家协会”（National Association of Science Writers）发行的《传播科学新闻：公共信息官员、科学家和医生的指南》(*Communicating Science News*：*Guide for Public Information Officers*，*Scientists and Physicians*)（网址：www. nasw. org/resource/pios/csn）也为科研人员提供了应对媒体的建议。科学界的一些专业协会也给出与媒体打交道的指导，比如美国生物科学研究所（American Institute of Biological Sciences）就此主题发表了一本入门读物（Menninger and Gropp 2008），美国科学促进协会（American Association for the Advancement of Science）在其网站（网址：communicatingscience. aaas. org/Pages/newmain. aspx）设专栏给出有关建议。其他资源还包括书籍《科学家与媒体交谈指南》(*A Scientist's Guide to Talking with the Media*)(Hayes and Grossman 2006）和《我讲清楚了吗？—科学家与公众交谈指南》(*Am I Making Myself Clear*？*A Scientist's Guide to Talking to the Public*)(Dean 2009)。

将科研成果通报给记者的新闻稿（news release 或 press release）通常由研究人员所在的研究所或发表论文的期刊提供，随后传播给媒体。新闻稿使用报纸文章的格式，可原样在报纸上发表或者让记者基于该新闻稿做出报道。科技新闻网站 EurekAlert（网址：www. eurekalert. org）提供了诸多新闻稿的范例。准备新闻稿的人员通常会征询研究者本人，研究者通过回答新闻稿准备人员的问题和检查新闻稿初稿，能确保新闻稿准确无误。不过，要清楚的一点是新闻稿在内容的技术性和详细性方面远不及科技论文。

记者联系要求采访的时候，要询问其专业背景、采访目的及时间安排。撰写科技报道的记者背景各异：有些人科学知识非常有限，而有些人却拥有科学领域的博士头衔，所以了解记者的专业背景有助于得体地应答提问。同时，还要弄清记者采访的目的，比如，将着重报道个人所做的研究，还是对所在的研究领域做一般性的报道。此外，还要知道记者发布此报道的截止日期——记者在写一篇今天就要交稿的新闻报道还是下个月交稿的特写？在接受采访前搞清楚所有这些问题的答案，可使你在采访中做出最得体的应答。当然，如果不很精通采访所涉及的专业，就应当谢绝记者的采访请求；可能的话，向记者推荐可采访的合适人选。

除非记者要求立刻采访，最好在回答记者提问前斟酌一下该说什么，要明确自己在采访中想要传达的信息；特别在接受电台或电视台采访时，要用也称“媒体隽语”的简短敏捷的语言来传达信息。

接受采访前，尽量准备一些书面材料或者引导记者先查阅一些书面材料。书面材料包括新闻稿、科研者所写的科技论文、所属研究领域的一般资料。这些书面材料会便于记者的采访，使其既能提高采访效率又能增加稿件的准确性。

采访中

接受采访时，要用适合于观众或听众的语言和方式来回答问题。比如，应主要使用简单的日常用语，解释科技术语，并用类比方式将所谈内容与人们熟悉的概念联系起来，就像给一位科研门外汉的邻居或给聪明的高中生介绍自己的科研工作一样。根据观众或听众来调整接受采访时讲话的内容，不仅最大程度地减少记者的转述，而且减少了记者转述过程中出错的概率，还能让记者在新闻稿中直接引用你讲的内容或媒体隽语。

传达信息时既要使信息易懂，也要避免大量删减。不要想着灌输性地陈述，这只会使新闻稿平淡无味、晦涩难懂；要努力在自己要传达的信息与观众或听众现有的知识之间搭起一座桥梁。可以考虑运用本书第 26 章介绍的技巧，在接受采访时用清晰而吸引人的方式来传递信息。

如果采访期间有要点需要传达，那么即使记者没有发问，也要想办法将它们陈述出来。可以通过重新组织记者的一个提问来借机陈述自己的观点。比如可以说："这个想法很有趣，不过事实上我们研究的问题是……。"或者还可以在回答完记者的一个提问后或在采访即将结束时补充一些观点。如果有能提升采访效果的图片或其他辅助视觉材料，即使记者没有要求准备这些材料，也应该告诉记者。

采访过程中要紧扣采访主题，尤其不要信口开河发表一些自己不愿公开的言论。

采访时要检查一下记者对你所述内容的理解。比如，可以说："我不知道是否讲清楚这个概念了，或许你可以把它再讲给我听，好让我确认一下。"这样，如果发生误解，你还有机会当场向记者澄清。

在采访结束前要告诉记者：如在撰写报道时有问题可再与自己联系，此外，也可以主动提出愿意审阅记者报道的初稿以保证内容技术方面的准确。通常情况下，由于记者担心被要求对报道进行不恰当修改，因此都不愿把初稿给被采访者审阅；但是有些记者在撰写科技报道时很愿意请人审阅初稿。对记者所写报道的意见应仅限于内容的技术准确性，切勿涉及报道的写作风格，因为这是记者和编辑操心的事。

采　访　后

一旦新闻报道发表，对此的预期要切合实际。与科技论文相比，这种报道当然简短，技术性也不够强。此外，这种报道主要着眼于公众最感兴趣的方面，所以，报道有可能强调研究成果的结论和揭示的意义，而不大可能详细描述研究方法或列出所有参与研究者的姓名。在评判这类报道优劣时，相关的问题不是“报道的各个方面都准确吗?”，而应该是“公众看完此篇报道后是否能对此项研究有正确的了解?”

如果基于采访的报道写得特别好或存在严重错误，应考虑给予反馈意见。记者往往在人们不满时才会得到反馈。如果认为记者基于采访的报道写得特别好，那就应该告诉对方，可能的话同时告诉负责该报道的编辑。如果报道中有一个严重失实的错误，也应该告知记者，因为优秀的记者都希望别人告知自己的失误，以免日后重犯。如果报道中的错误很严重，则应当在出版物或广播中发表对该错误的勘误。

最后，要回顾自己与记者打交道过程中的种种表现，想想自己哪些方面做得很好、哪些方面表现欠佳。思考这些问题会帮助你下次接受采访时更上一层楼。

（范晓晖　译　张　健　校）

第40章　如何进行同行评议

接受诚实的批评意见总是很难，尤其当批评来自亲戚、朋友、熟人或者陌生人。

——Franklin P. Jones（富兰克林·P·琼斯，美国幽默作家）

回应同行评议的邀请

一旦发表或者出版过作品，你就有可能收到同行评议（peer review）的邀请，换言之，去评阅同领域其他人的工作。期刊编辑会请你评审稿件以决定是否录用该论文，基金组织会请你评审基金标书，图书编辑会邀请你评审图书出版方案或书稿。既然同行评议耗时耗力，为什么还会接受邀请呢？什么时候应该回绝邀请呢？

同行评议能够帮助编辑决定取舍何种论文或图书，也能帮助作者提高作品质量。同样，为基金标书提供同行评议能够帮助基金组织做出正确的资助决定，同时帮助科研人员改进科研的不足。如果本领域有人为你的作品进行过同行评议，那么作为科学界的优秀一员，你有责任也为别人提供同行评议。

此外，同行评议会为你带来其他收益：帮助你了解自己研究领域的最新动向，锻炼你的科学评价技巧。在履历中列出自己评议过的作品可为履历增色不少。此外，为某家期刊的投稿提供同行评议，以后还有机会成为这家期刊的编辑委员会成员，进而成为这家期刊的编辑。尽管同行评议一般是无偿的，评议人有时会得到薪酬或其他形式的补偿。例如，书稿的评议人通常可收到一小笔钱作为其精力付出的酬谢，如果评议人愿意，有时会从出版商得到图书作为替代。

不过，有时可能需要拒绝同行评议的邀请，或者征询编辑的意见决定是否应该拒绝。如果在截止日期前没有足够的时间完成同行评议，就应该婉言拒绝。可能的话，同时向编辑推荐其他合适的人选。如果觉得自己不具备提供同行评议所需的专长，应当告知编辑。然后编辑可能会请你推荐其他合适的人选，也可能会解释说邀请你的原因是因为你对被评议研究的某一方面造诣深，而其他方面将另请人评审。

如果觉得自己承担同行评议涉及利益冲突（也就是说，你的背景任何一个方面会影响或似乎会影响到你评议的公正性），那么应该告知编辑。比如，你曾经与论文作者合作过，或者与论文所述的研究有经济利益关系，或者论文作者是你的朋友、敌人或前配偶，这些情况都要告知编辑。有些期刊会惯例性地要求同行评议人声明利益冲突。即使期刊无此要求，也应该告知编辑任何可能的利益冲突。期刊编辑随后会决定是仍然请你做同行评议还是另寻他人。

为科技论文进行同行评议

如果做了同行评议人，你要清楚需为自己评审的论文保密，不要向他人透露论文的内容，不要与周围的人谈论论文作者的写作技巧或其缺乏的写作技巧，不要未征得编辑的许可便请他人参与评议。如果由于某种原因，认为有必要请他人参与评议（比如，一位同事能更好地评议该研究的某部分，或者认为自己指导的研究生或博士后能通过同行评议得到锻炼），编辑会同意评议人的请求。但无论如何，都应该先征询编辑的意见，而不是自以为是地找别人共同进行同行评议。

许多期刊使用提交同行评议意见的在线系统。不管是否使用在线系统，期刊都希望得到每位同行评议人的两份意见：一份是编辑们专用的内部意见，另一份是供编辑与论文作者共同使用的公开意见。有些期刊提供填写这两种意见的表格。内部意见表格要求评议人给论文打分，并对论文质量和是否录用等问题发表意见。同行评议人对论文打分的方面涉及研究的重要性、工作的原创性、方法的有效性、结论的合理性、写作的清楚性及是否适合该期刊的读者群等问题。

供编辑和论文作者共同使用的公开意见，开头一般先指出本论文的主要长处和局限性。但是不应告诉作者此文是否适合在该期刊发表，因为编辑掌握着发表论文的决定权。在给出综合性的评论意见后，一般要对论文各部分加以评论。为便于查找，最好指出评论部分对应着论文的第几页、第几段、第几行。

同行评议人的主要任务是评价论文的内容：论文所述的研究质量是否很高？如果不是，存在什么主要问题？论文是否包含所应有的内容？是否有多余的内容？要回答后两个问题，可以参阅本书中关于科技论文的各组成部分的相关章节，其他有用的资源还包括一份出现在为同行评议提供指南的报告中的评议清单（Task Force of *Academic Medicine* and the GEA-RIME Committee 2001）。尽管此评议清单中的一些条目仅适用于某些类别的研究，但是清单还是提供了有用的参考框架。

同行评议人不必对论文的写作做详细评论，你的任务并不是指出每个标点错误和拼写错误；如果论文被录用，文字编辑会改正这些错误。但是同行评议人要从总体上评价论文的清楚性、简明性和正确性，指出表达不清的段落，提出能够改进论文的重新组织的建议，评价图形和表格的设计。如果论文中的某些用词太专业以至于文字编辑无法进行正确的修改，你可以提供修改指导。如果论文作者的母语非英语，也可以在论文的遣词造句方面给予额外帮助。

为作者提出评议意见时，要知道他们是凡夫俗子。几乎可以肯定的是作者非常在乎自己的论文，对别人的评价敏感，很愿意得到对自己论文提出的建设性意见。所以，在给出意见时，应避免冷嘲热讽，措辞要讲究策略。应当在评议中先对论文的优点予以肯定，然后向作者提出可行的建议，最后再以鼓励的话语结束评议。尽管评论一般都是针对每个部分或每个段落给出的，也可以时不时予以赞扬。无论期刊最终是否录用该论文，同行评议对论文作者都大有裨益，能使作者改进当前的论文和今后的论文。事实上，如果论文作者刚开始从事科研，或者来自对科技写作国际惯例不甚熟悉的地方，你得多花点精力直接通过在评议中给出修改意见教育作者，或提供资源帮助作者改进科技论文写作。

在评议表上应该署名还是匿名呢？各个期刊的做法不尽相同。匿名评审在科学界很普遍，支持者认为这能使评议人更为诚实，特别当一位年轻科研人员评审资历更深的同行写的论文时。另一方面，署名评审的支持者认为这样能让评议人更具责任心。有些期刊允许同行评议人自行决定是否署名，期刊的“评议人须知”中应当注明此方面的原则。如果评议人不清楚是否署名，应直接询问邀请你做同行评议的编辑。

提供非正式同行评议

如果你兼具某一研究领域和科技写作的知识，那么很可能被邀请为要投稿的论文稿件提供意见。这种非正式的评议很有帮助，特别对学生、资历尚浅的同事或者不甚精通用英语进行学术交流的其他人员。以下建议对非正式同行评议会有所帮助。

首先要清楚论文作者希望得到哪个层面的同行评议。比如，如果论文还只是初稿，那么作者是否希望得到主要是论文内容和结构方面的意见？如果论文差不多是终稿，你是否应给出论文语言表达细节的意见呢？尽管你可以随便发表其他层面的意见，但是弄清楚论文作者期望得到何种反馈意见能让你更合理地利用时间。

评议的时候使用“三明治”式的批评方式：表扬、批评、表扬。同时，还要讲究措辞以免伤了作者的感情。比如，采用感性的批评方式而不是论断式的批评方式，“我觉得这部分难懂”要比“这部分完全不清楚”更委婉。要注意批评的对象是论文，而非作者本人，应该说“这个稿子似乎有很多标点错误”，而不是“你对标点符号掌握得很差”。如果在论文的电子版本上进行评议，可使用文字处理功能，如“修订”（“Track Changes”）、“批注”（“Insert Comment”），将评价意见放入圆括号或用斜体或粗体以示区分。评语不要全部用大写，因为大写字让人觉得写评语的人在生气地叫嚷。同样，如果是在打印的手稿上写非正式评议，最好用蓝色笔，这既比红色笔写出的评语亲切，又便于阅读。

提供非正式同行评议也是教育他人的过程：作者通过采纳评议人的意见，既能改进当前的论文，日后也能写出更好的论文。通过吸取同行评议人的意见及学习其评议方式，论文作者自己也能学会做好正式和非正式的同行评议人。

（范晓晖　译　张　健　校）

第41章 如何在科技传播领域寻求职业发展

汇报科技工作和撰写科技论文要求科技人员永无止境地学习。

——David Perlman（戴维·帕尔曼，美国科技记者）

科技传播中的职业选择

科学界的有些人会发现自己的兴趣和特长在于科技交流，所以他们很可能将科技传播作为自己职业发展的领域。科技传播领域的职业越来越被看作是一条替代科学研究的道路。科技传播领域的工作有很多种，如为科技同行撰写和编辑各类材料、为公众传播科学知识等。

只要熟知自己所属的科研领域、该领域的团体与文化，就能为科学界同行写出许多材料。科技传播领域有各种各样适合自己的工作：在一家大型期刊，可以做评估投稿内容科学性的编辑或者新闻专栏的作家或编辑；在面向科技人员的杂志或简报，可以做一名作家或编辑；在科技图书出版社，可以做一名组稿编辑，负责制定选题计划、吸收作者、监督各类出版方案和书稿的评估；在科技公司，可以写作或编辑；在大学、研究所或自由写作，可以担任作者编辑（author’s editor），与论文作者直接合作为他们投稿前修改稿件。英语是科技交流的国际语言，社会需要大量具备良好英语写作技能的作者编辑。Kanel 和 Gastel（2008）合著的一篇文章汇总了科技编辑界的种种职业选择。

此外，还可以选择为公众传播科学的职业，比如，为报纸、通讯、杂志或在线期刊工作的科技记者、作家或编辑；还可以在广播媒体中工作；可以撰写科普图书；在涉及科学、技术、环境、医学等问题的政府机构或组织准备面向公众的材料；在大学撰写新闻稿或为研究型杂志撰稿；在公司与媒体打交道、与公众沟通；在科学博物馆筹备展览及各类活动；如果是自由作家，可以为各媒体和机构撰写有关科技的文章；同样，还可以在咨询公司工作，为服务对象准备科技交流资料。

一个未经验证的测试

科技领域里选择从事科技交流工作的人似乎有某些共性。基于这一点，以下是一个非正式的小测试。社会科学家可能会指出：这个小测试尚未得到系统性验证，但是人们读到它时会心一笑的认可也许能够表明其“表面效度”。

自己适合从事科技传播职业吗？欲知答案，请回答以下 10 个问题：

1. 你喜欢过科学课程和其他领域的课程吗？你是否曾考虑过主修英语专业或其他人文专业？你是否辅修过这些专业？

2. 你是否渴望阅读？你是否发现自己会不由自主地编辑阅读的材料？你经常会想出要写的主题吗？

3. 你喜欢文字游戏吗？比如，你喜欢玩纵横拼字谜和文字图版游戏吗？

4. 老师或者其他人赞扬过你的写作吗？

5. 你在中学或大学期间是否在校报或其他学生出版物中担任过职位？如果没有，你是否考虑过在这些刊物做些事呢？

6. 你认为自己是一个科技通才吗？你是否更愿意了解自己学科的各个方面或多个学科领域的知识，而不是专注于某一狭窄的研究领域？你是否对别人在做什么要比对自己的研究更感兴趣？

7. 你是否愿意在一个大背景下看待科学？你是否对研究本身以及研究结果的应用和启发都感兴趣？

8. 在实验室进行的研究课题中，你是否经常负责撰写相关材料？你对自己承担的这个角色满意吗？

9. 别人是否经常请你修改他们写的东西？别人是否经常在撰写材料时向你寻求帮助？

10. 你是否觉得科技交流职业很有趣？撰写或编辑材料是否是你每天期望做的事情？

如果你对以上大部分问题的答案都是“是”的话，科技交流的职业很可能适合你。如果在读这些问题时你不由得叫起来：“那就是我啊！”— 我们将是第一个欢迎你加入科技传播这一职业的人。

职业准备

科技界的一些人直接就从事科技传播工作。担任同行评议人或在期刊编辑委员会任职，都能让科技人员有机会获得科技交流的职位。不过，特别对于有志从事为公众传播科学工作的人来说，参加正式培训越来越普遍。培训的内容涉及科技新闻报道、学术出版、技术交流或某个相关领域。这些培训可以是学位项目、证书项目，或者只是一门或几门课程。获知正式教育机会的资源包括“科学传播课程及项目目录”（the Directory of Science Communication Courses and Programs）（网址：dsc. journalism. wisc. edu）以及“技术交流协会学术项目数据库”（the Society for Technical Communication Academic Programs Database）（网址：www. stc. org/academic/index. aspx）。

有些机构会组织研讨会或提供简短的指导，以帮助科技人员培养从事科技传播工作所需的职业技能。比如，美国的“科学编辑委员会”（the Council of Science Editors）在年会开始前开办几门同期的科技编辑短期课程。同样，“美国医学作家协会”（the American Medical Writers Association）年会上也有一系列的讲习班，每场历时3小时。

阅读本身也能帮助有志于科技传播的人士做准备。对希望从事学术性科技交流的人来说，除了本书外，其他供参考的有用图书包括针对具体学科的论文写作指南（如Ebel，Blierfert，and Russey 2004；Lang 2010；Sternberg and Sternberg 2010；Zeiger 2000），科学界常用的写作体例手册，还有《作者编辑手册》（*The Copyeditor's Handbook*）（Einsohn 2006）。由于这些写作体例手册和某些其他书籍定期再版，所以一定要使用最新版本。希望从事公众传播科技的人士可以参考《科学作家实用指南》（*A Field Guide for Science Writers*）（Blum，Knudson，and Henig 2006）、《将想法表达出来：掌握科研写作的艺术》（*Ideas into Words：Mastering the Craft of Science Writing*）（Hancock 2003）以及《卫生保健作家手册》（*Health Writer's Handbook*）（Gastel 2005）。

在科技传播领域见习或实习可以增强职业技能，让潜在雇主注意到自己，探索职业机会。有些政府机构——如“费米实验室”（Fermilab）及“国家癌症研究所”（the National Cancer Institute），期刊——如《科学》(*Science*) 及《美国医学会杂志》(*JAMA*：*The Journal of the American Medical Association*)，杂志——如《科学新闻》(*Science News*)、《发现》(*Discovery*) 和《新科学家》(*New Scientist*)，还有其他机构——如新闻组织和广播节目制作者“国家公共电台”（NPR，National Public Radio）提供科技交流领域的见习或实习机会。自20世纪70年代以来，“美国科学促进协会”（the American Association for the Advancement of Science）通过“大众传播科学和工程奖学金项目”（Mass Media Science and Engineering Fellowship Program)，安排理科研究生每个暑期在传媒行业实习。此外，一些没有正式实习项目的出版机构有时也愿意安置要求实习的人员。所以，如果想去某个机构做科技传播方面的实习，就应当主动向那家机构问询。

进入科技传播领域并持续发展

如何找到科技传播领域的职业机会呢？可以关注期刊上发布的、招聘单位网站上贴出的，以及“科学编辑委员会”（the Council of Science Editors)、“国家科学作家协会”（the National Association of Science Writers）和“美国医学协会”（the American Medical Association）等团体传播的职位招聘信息。无论潜在雇主目前是否发布了空缺职位，都可以向其自荐。总之，要通过机构或其他途径建立联系。

科技传播领域的人们同科研人员一样，要紧跟科技的新发展，科技传播领域永无止境的学习可有助于你跟上科技进步；多读多听能帮助你弥补知识的欠缺。有关组织还能帮助你在科技传播方面紧跟科技发展潮流和重大问题、获取实用的建议，以及建立、维护与同行的联系。除了上段中提到的组织外，还包括“欧洲科学编辑协会”（the European Association of Science Editors）、“世界医学编辑协会”（the World Association of Medical Editors）、“地球科学编辑协会”（the Association of Earth Science Editors）、“环境记者学会”（the Society of Environmental Journalists）、“医疗保健记者协会”（the Association of Health Care Journalists）、“技术交流学会”（the Society for Technical Communication），以及其他更为一般性的传播组织。应当阅读这些组织的出版物，尽可能参加它们举办的会议，并充分利用这些组织所提供的服务（如电子邮件名单）。随着自身职业的发展，可以考虑为这些组织的教育活动提供帮助。有朝一日，你也将有能力帮助那些刚刚步入科技传播领域的新人！

（范晓晖　译　张　健　校）

附录1　部分刊名用词的缩写

以下为部分期刊所使用的缩写（后加“.”号）：

单词	缩写	单词	缩写
Abstracts	Abstr	Association	Assoc
Academy	Acad	Astronomical	Astron
Acta	No abbreviation	Atomic	At
Advances	Adv	Australian	Aust
Agricultural	Agric	Bacteriological	Bacteriol
American	Am	Bacteriology	Bacteriol
Anales	An	Bakteriologie	Bakteriol
Analytical	Anal	Berichte	Ber
Anatomical	Anat	Biochemical	Biochem
Annalen	Ann	Biochimica	Biochim
Annales	Ann	Biological	Biol
Annals	Ann	Biologie	Biol
Annual	Annu	Botanical	Bot
Anthropological	Anthropol	Botanisches	Bot
Antibiotic	Antibiot	Botany	Bot
Antimicrobial	Antimicrob	British	Br
Applied	Appl	Bulletin	Bull
Arbeiten	Arb	Bureau	Bur
Archiv	Arch	Canadian	Can
Archives	Arch	Cardiology	Cardiol
Archivio	Arch	Cell	No abbreviation

单词	缩写	单词	缩写
Cellular	Cell	Ethnology	Ethnol
Central	Cent	European	Eur
Chemical	Chem	Excerpta	No abbreviation
Chemie	Chem	Experimental	Exp
Chemistry	Chem	Fauna	No abbreviation
Chemotherapy	Chemother	Federal	Fed
Chimie	Chim	Federation	Fed
Clinical	Clin	Fish	No abbreviation
Commonwealth	Commw	Fisheries	Fish
Comptes	C	Flora	No abbreviation
Conference	Conf	Folia	No abbreviation
Contributions	Contrib	Food	No abbreviation
Current	Curr	Forest	For
Dairy	No abbreviation	Forschung	Forsch
Dental	Dent	Fortschritte	Fortschr
Developmental	Dev	Freshwater	No abbreviation
Diseases	Dis	Gazette	Gaz
Drug	No abbreviation	General	Gen
Ecology	Ecol	Genetics	Genet
Economics	Econ	Geographical	Geogr
Edition	Ed	Geological	Geol
Electric	Electr	Geologische	Geol
Electrical	Electr	Gesellschaft	Ges
Engineering	Eng	Helvetica	Helv
Entomologia	Entomol	History	Hist
Entomologica	Entomol	Immunity	Immun
Entomological	Entomol	Immunology	Immunol
Environmental	Environ	Industrial	Ind
Ergebnisse	Ergeb	Institute	Inst

单词	缩写	单词	缩写
Internal	Intern	Pharmacology	Pharmacol
International	Int	Philosophical	Philos
Jahrbuch	Jahrb	Physical	Phys
Jahresberichte	Jahresber	Physik	Phys
Japan, Japanese	Jpn	Physiology	Physiol
Journal	J	Pollution	Pollut
Laboratory	Lab	Proceedings	Proc
Magazine	Mag	Psychological	Psychol
Material	Mater	Publications	Publ
Mathematics	Math	Quarterly	Q
Mechanical	Mech	Rendus	R
Medical	Med	Report	Rep
Medicine	Med	Research	Res
Methods	No abbreviation	Review	Rev
Microbiological	Microbiol	Revue, Revista	Rev
Microbiology	Microbiol	Rivista	Riv
Monographs	Monogr	Royal	R
Monthly	Mon	Scandinavian	Scand
Morphology	Morphol	Science	Sci
National	Natl	Scientific	Sci
Natural, Nature	Nat	Series	Ser
Neurology	Neurol	Service	Serv
Nuclear	Nucl	Society	Soc
Nutrition	Nutr	Special	Spec
Obstetrical	Obstet	Station	Stn
Official	Off	Studies	Stud
Organic	Org	Surgery	Surg
Paleontology	Paleontol	Survey	Surv
Pathology	Pathol	Symposia	Symp

单词	缩写	单词	缩写
Symposium	Symp	Urological	Urol
Systematic	Syst	Verhandlungen	Verh
Technical	Tech	Veterinary	Vet
Technik	Tech	Virology	Virol
Technology	Technol	Vitamin	Vitam
Therapeutics	Ther	Wissenschaftliche	Wiss
Transactions	Trans	Zeitschrift	Z
Tropical	Trop	Zentralblatt	Zentralbl
United States	US	Zoologie	Zool
University	Univ	Zoology	Zool
Untersuchung	Unters		

附录2 应避免使用的单词和表达方式

> 关于简洁和贞操的说教同样迹近老生常谈。冗言赘语源于语言的贫瘠和思想的臃肿，同时也与作者汲汲于尽快付梓的心态不无关系。在某种意义上，这是一种“幼稚病”。
>
> ——Eli Chernin（埃里·彻宁，美国寄生虫病学家、历史学家、散文家）

忌	宜
a considerable amount of	much
a considerable number of	many
a decreased amount of	less
a decreased number of	fewer
a great deal of	much
a majority of	most
a number of	many，some
a small number	a few
of	
absolutely essential	essential
accounted for by the fact	because
adjacent to	near，next to
along the lines of	like
an adequate amount of	enough
anexample of this is the fact that	for example

忌	宜
an order of magnitude faster	10 times as fast
apprise	inform
are of the same opinion	agree
as a consequence of	because
as a matter of fact	in fact (or leave out)
as a result of	because
as is the case as	happens
as of this date	today
as to	about (or leave out)
at a rapid rate	rapidly, fast
at an earlier date	previously
at an early date	soon
at no time	never
at present	now
at some future time	later, sometime
at the conclusion of	after
at the present time	now
at this point in time	now
based on the fact that	because
because of the fact that	because
by means of	by, with
causal factor	cause
cognizant of	aware of
completely full	full
consensus of opinion	consensus
considerable amount of	much
contingent upon	dependent on
count the number of	count
definitely proved	proved
despite the fact that	although
due to the fact that	because
during the course of	during, while
during the time that	while
effectuate	cause
elucidate	explain
employ	use
enclosed herewith	enclosed
end result	result

忌	宜
endeavor	try
entirely eliminate	eliminate
eventuate	happen
fabricate	make
facilitate	help
fatal outcome	death
fellow colleague	colleague
fewer in number	fewer
finalize	end
first of all	first
following	after
for the purpose of	for
for the reason that	because
from the point of view of	for
future plans	plans
give an account of	describe
give rise to	cause
has been engaged in a study of	has studied
has the capability of	can
has the potential to	can, may
have the appearance of	look like, resemble
having regard to	about
immune serum	antiserum
impact (v.)	affect
implement (v.)	start, put into action
important essentials	essentials
in a number of cases	sometimes
in a position to	able to
in a satisfactory manner	satisfactorily
in a situation in which	when
in a very real sense	in a sense (or leave out)
in almost all instances	nearly always
in case	if
in close proximity to	close, near
in connection with	about, concerning
in light of the fact that	because
in many cases	often
in most cases	usually

忌	宜
in my opinion it is not an unjustifiable assumption that	I think
in only a small number of cases	rarely
in order to	to
in relation to	toward, to
in respect to	about
in some cases	sometimes
in terms of	about
in the absence of	without
in the event that	if
in the most effective manner	most effectively
in the not-too-distant future	soon
in the possess-ion of	has, have
in this day and age	today
in view of the fact that	because
inasmuch as	for, as
incline to the view	think
initiate	begin, start
is defined as	is
is desirous of	wants
is detrimental to	harms
is similar to	resembles
it has been reported by Smith	Smith reported
it has long been known that	(I haven't bothered to look up the reference)
it is apparent that	apparently, clearly
it is believed that	I think (or say who thinks)
it is clearthat	clearly
it is clear that much additional work will be required for a complete understanding	I don't understand it
it is evident that *a* produced *b*	*a* produced *b*
it is generally believed	many think

忌	宜
it is my understanding that	I understand that
it is of interest to note that	(leave out)
it is often the case that	often
it is suggested that	I think
it is worth pointing out in this context that	note that
it may be that	I think, perhaps
it may, however, be noted that	but
it should be noted that	note that (or leave out)
it was observed in the course of the experiments that	we observed
join together	join
lacked the ability to	could not
large in size	large
let me make one thing perfectly clear	a snow job is coming
majority of	most
make reference to	refer to
met with	met
militate against	prohibit
more often than not	usually
needless to say	(leave out, and consider leaving out what follows it)
new initiatives	initiatives
no later than	by
of an efficient nature	efficient
of great theoretical and practical importance	useful
of long standing	old
of the opinion that	think that
on a daily basis	daily
on account of	because
on behalf of	for
on no occasion	never
on the basis of	by
on the grounds	because

忌	宜
that	
on the part of	by, among, for
on those occasions in which	when
our attention has been called to	we belatedly discovered the fact that
owing to the fact that	because
perform	do
place a major emphasis on	stress, emphasize
pooled together	pooled
presents a picture similar to	resembles
previous to	before
prior to	before
protein determinations were performed	proteins were determined
quantify	measure
quite a large quantity of	much
quite unique	unique
rather interesting	interesting
red in color	red
referred to as	called
regardless of the fact that	even though
relative to	about
resultant effect	result
root cause	cause
serious crisis	crisis
should it prove the case that	if
smaller in size	smaller
so as to	to
subject matter	subject
subsequent to	after
sufficient	enough
take into consideration	consider
terminate	end
the fact of the matter is that	(leave out)
the field of chemistry	chemistry
the great majority of	most, almost all
the opinion is advanced that	I think
the predominate number of	most
the question as to whether	whether

忌	宜	忌	宜
the reason is because	because	was of the opinion that	believed
the vast majority of	most, almost all	ways and means	ways, means (not both)
there is reason to believe	I think	we have insufficient knowledge	we do not know
they are the investigators who	they	we wish to thank	we thank
this result would seem to indicate	the result indicates	what is the explanation of	why
through the use of	by, with	whether or not to	whether to
to the fullest possible extent	fully	with a view to	to
transpire	happen	with reference to	about (or leave out)
ultimate	last	with regard to	concerning, about (or leave out)
unanimity of opinion	agreement	with respect to	about
until such time	until	with the exception of	except
utilization	use	with the result that	so that
utilize	use	within the realm of possibility	possible
very unique	unique		

附录 3　国际单位制前缀及其缩写

数量级	前缀	缩写
10^{-18}	atto	a
10^{-15}	femto	f
10^{-12}	pico	p
10^{-9}	nano	n
10^{-6}	micro	μ
10^{-3}	milli	m
10^{-2}	centi	c
10^{-1}	deci	d
10	deka	da
10^{2}	hecto	h
10^{3}	kilo	k
10^{6}	mega	M
10^{9}	giga	G
10^{12}	tera	T
10^{15}	peta	P
10^{18}	exa	E

附录4 网站精选

Academic Phrasebank (www. phrasebank. manchester. ac. uk)

列举了科研论文各部分可选用的表达方式。

Advice on Designing Scientific Posters (www. swarthmore. edu/NatSci/cpurrin1/posteradvice. htm)

详细介绍海报制作方法含海报设计模板。

AuthorAID (www. authoraid. info)

主要用于帮助发展中国家的科研人员撰写和发表论文。内建资源图书馆，以数种语言提供多种素材。也包括一个博客并可供资深顾问参与。并与多种其他资源建立链接。

Grammar Girl (grammar. quickanddirtytips. com)

针对语法、标点、符号、用词选择等主题提供指导。

How to Recognize Plagiarism (www. indiana. edu/ ~ istd)

帮助用户了解什么是剽窃，如何规避。

Instructions to Authors in the Health Sciences (mulford. meduohio. edu/instr)

提供数千种期刊的链接，并有相关指南。

On Being a Scientist: A Guide to Responsible Conduct of Research, 3rd edition (www. nap. edu/catalog. php?record_ id = 12192)

由美国国家科学院针对科研伦理提供的指导意见，其中包括出版伦理。网站提供相关文件全文及视频。

OneLook Dictionary Search (www. onelook. com)

可供用户使用多个词典进行检索。

Uniform Requirements for Manuscripts Submitted to Biomedical Journals (www. icmje. org)

多家期刊所使用的稿件要求。最初着重关注格式问题，现在也开始注意伦理学问题。

术 语 表

Abstract（摘要）. Brief synopsis of a paper, usually summarizing each major section of the paper. Different from a summary, which is usually a summary of conclusions.

Acknowledgments（志谢）. The section of a paper (following the discussion but preceding references) designed to thank individuals and organizations for the help, advice, materials, or financial assistance they provided during the research and during the writing of the paper.

Acquisitions editor（组稿编辑，约稿编辑）. An editor responsible for obtaining book manuscripts.

Address（地址）. Identifies the author and supplies the author's mailing address.

Ad hoc reviewer（特约审稿人）. 见 Referee.

Alphabet-number system（字母－数字排序法）. A system of literature citation in which references are arranged alphabetically in the references or literature cited, numbered, and then cited by number in the text. A variation of the name and year system.

Archival journal（文献型期刊）. This term is equivalent to "primary journal" and refers to a journal that publishes original research results.

Author（作者）. A person who actively contributed to the design and execution of the research and who takes intellectual responsibility for the research results being reported.

Author's editor（作者编辑）. An editor who helps authors to improve manuscripts, proposals, or other documents before submission. May work for an institution or on a freelance basis.

Blog（博客）. Short for weblog. An ongoing series of postings on a website. Typically written in first person.

Book review（书评）. An article describing and evaluating a book.

Caption（图片说明）. 见 Legend.

Citation-order system（顺序编码体系）. A system of referencing in which references are cited in numerical order as they appear in the text. Thus, the references section is in citation order, not in alphabetical order.

Compositor（排版员）. One who sets type. Equivalent terms are "typesetter" and "keyboarder."

Conference report（会议报告）. A paper written for presentation at a conference. Most conference reports do not meet the definition of valid publication. A wellwritten conference report can and should be short; experimental detail and literature citation should be kept to a minimum.

Conflict of interest（利益冲突）. In science, a situation in which financial or other personal considerations may interfere with a researcher's objectivity in conducting or reporting research.

Contributor（贡献者）. Someone who contributed to the research reported in a scientific paper or to the writing of the paper. May or may not qualify for listing as an author.

Copyeditor（文字编辑）. 见 Manuscript editor.

Copyright（著作权）. The exclusive legal right to reproduce, publish, and sell written intellectual property.

Corresponding author（通讯作者）. In a multiauthor paper, the author designated to receive and respond to inquiries from the journal editorial office and from readers.

Council of Science Editors（科学编辑理事会）. An organization whose members are involved mainly with the editing and publishing of journals in the sciences. Formerly the Council of Biology Editors. www.CouncilScienceEditors.org.

Cropping（裁剪）. The marking of a photograph so as to indicate parts that need not appear in the published photograph, or the electronic removal of material at the edges of a photograph. As a result, the essential material is "enlarged" and highlighted.

CSE. 见 Council of Science Editors.

Curriculum vitae（履历）. A document listing information about one's education and career. Commonly known as a CV.

CV. 见 Curriculum vitae.

Deputy editor（副主编）. The editor second in command at a publication with multiple editors.

Discussion（讨论）. The final section of an IMRAD paper. Its purpose is to fit the results from the current study into the preexisting fabric of knowledge. The important points are expressed as conclusions.

Dual publication（重复发表）. Publication of the same data two (or more) times in primary journals. A violation of scientific ethics unless permission is obtained from the initial publication site and the republished material is clearly identified as such.

Editor（编辑；主编）. The title usually given to the person who decides what will (and will not) be published in a journal or in a multiauthor book.

Editorial（述评）. A brief article presenting opinion.

Editorial consultant（编辑顾问）. See Referee.

Editor in chief（主编）. The top editor of a publication with multiple editors. In charge of overall content.

Fabrication（编造）. Inventing research findings rather than obtaining them through scientific research. Clearly a major ethical violation.

Festschrift（纪念论文集）. A volume of writings by different authors presented as a tribute or memorial to a particular individual.

Graph（图）. Lines, bars, or other pictorial representations of data. Graphs are useful for showing the trends and directions of data. If exact values must be listed, a table is usually superior.

Hackneyed expression（陈腔滥调）. An overused, stale, or trite expression.

Halftone（中间色）. A photoengraving made from an image photographed through a screen and then etched so that the details of the image are reproduced in dots.

Hard copy（打印稿）. When an old-fashioned manuscript on paper is provided via a word processor or computer, it is called hard copy.

Harvard system（哈佛体系）. See Name and year system.

Impact factor（影响因子）. A basis for judging the prominence of journals. A journal with a high impact factor (a measure of the average number of citations per article published, as determined by Journal Citation Reports) is apparently used more than a journal with a low impact factor.

IMRAD. An acronym derived from introduction, methods, results, and discussion, the organizational scheme of most modern scientific papers.

Introduction（引言）. The first section of an IMRAD paper. Its purpose is to state clearly the problem investigated and to provide the reader with relevant background information.

Jargon（冗语）. *Merriam-Webster's Collegiate Dictionary*, 11th ed., defines jargon as "a confused unintelligible language."

Keyboarder（录入人员）. 见 Compositor.

Legend（图题）. The title or name given to an illustration, along with explanatory information about the illustration. Also called a "caption."

Letter of inquiry（询问信）. 见 Preliminary proposal.

Letter of intent（意向书）. Letter indicating to a funding source that one plans to submit a grant proposal.

Letter to the editor（读者来信，致编辑的信）. A letter intended for publication in a journal or elsewhere.

Literature cited（引文）. The heading used by many journals to list references cited in an article. The headings "References" and (rarely) "Bibliography" are also used.

Managing editor（编辑部主任）. A title often given to the person who manages the business affairs of a journal. Typically, the managing editor is not involved with editing (acceptance of manuscripts). However, he or she may be responsible for copyediting (part of the production process).

Manuscript editor（文字编辑）. A person (either an employee of the publisher or a freelance contractor) whose responsibility is to prepare manuscripts for publication by improving mechanics such as spelling and grammar, ensuring consistency with the required style, and providing markup for the typesetter or printer. Also known as a copyeditor.

Markup for the typesetter（校对符号）. Marks and symbols used by manuscript editors and sometimes authors to transmit type specifications to the typesetter or printer.

Masthead statement（版权页声明）. A statement by the publisher, usually on the title page of the journal, giving ownership of the journal and a succinct statement describing the purpose and scope of the journal.

Materials and methods（材料与方法）. 见 See Methods.

Methods（方法）. The second section of an IMRAD paper. Its purpose is to describe the experiment in such detail that a competent colleague could repeat the experiment and obtain the same or equivalent results.

Monograph（专著）. A specialized, detailed book written by specialists for other specialists.

Name and year system（姓名－年份排序法）. A system of referencing in which a reference is cited in the text by the last name of the author and the year of publication, for example, Smith (1990). Also known as the Harvard system.

Offprints（单印本）. *See* Reprints.

Open access（开放获取）. Refers to scientific papers (or other writings) that are available free of charge on the Internet to all who are interested.

Oral report（口头报告）. Similar in organization to a published paper, except that it lacks experimental detail and extensive literature citation. And, of course, it is spoken, not printed.

News release（新闻稿）. A written announcement for journalists, for example regarding publication of a journal article. Structured much like a newspaper story. Also known as a press release.

Peer review（同行评议，审稿）. Evaluation of a manuscript by peers of the author (scientists working in the same area of specialization).

Plagiarism（剽窃）. Presentation of someone else's words and ideas as one's own rather than crediting the source.

Poster（海报，墙报）. In science，a display board presenting research.

Preliminary proposal（初步建议书）. Brief initial proposal submitted to a funding source，which then determines whether it wishes to receive a full proposal. Also known by other terms，such as letter of inquiry and pre-proposal.

Pre-proposal. 见 Preliminary proposal.

Press release（新闻稿）. 见 News release.

Primary journal（原创性期刊）. A journal that publishes original research results.

Primary publication（初次发表）. The first publication of original research results，in a form whereby peers of the author can repeat the experiments and test the conclusions，and in a journal or other source document readily available within the scientific community.

Printer（打印机；印刷厂）. Historically，a device that prints or a person who prints. Often，however，"printer" is used to mean the printing company and is used as shorthand for all of the occupations involved in the printing process.

Production editor（制作编辑）. An editor who coordinates the editing of a book manuscript and other aspects of book production.

Program officer（项目官员）. Person managing part or all of the grant program for a funding source. Role can include advising grant applicants.

Proof（校样）. A copy of typeset material sent to authors，editors，or managing editors for correction of typographical errors.

Proofreaders'marks（校对符）. A set of marks and symbols used to instruct the compositor regarding errors on proofs.

Publisher（出版工作者，出版单位）. A person or organization handling the business activities concerned with publishing a book or journal.

Query（查询）. A question a manuscript editor（copyeditor）asks an author，for example about something in a manuscript that is unclear or inconsistent.

Query letter（查询函）. A letter proposing a magazine article.

Referee（审稿人）. A person，usually a peer of the author，asked to examine a manuscript and advise the editor regarding publication. The term "reviewer" is used more frequently but perhaps with less exactness. Also sometimes called an "editorial consultant."

Reprints（单印本）. Separately printed journal articles supplied to authors (usually for a fee). Sometimes called "offprints." Can be electronic.

Results（结果）. The third section of an IMRAD paper. Its purpose is to present the new information gained in the study being reported.

Review paper（综述）. A paper written to summarize and integrate previously published knowledge about a topic. Can be either an overview of a field or a critical, interpretive study of literature in the field. Also known as a review article.

Reviewer（审稿人）. 见 Referee.

Running head（页眉标题）. A headline repeated on consecutive pages of a book or journal. The titles of articles in journals are often shortened and used as running heads. Also called running headlines.

Science writing（科研写作）. A type of writing whose purpose is to communicate scientific knowledge to a wide audience including (usually) both scientists and nonscientists.

Scientific editor（科学编辑）. An editor, trained as a scientist, whose role is primarily to oversee evaluation of submitted papers and participate in deciding which ones to publish.

Scientific paper（科研论文）. A written and published report describing original research results.

Scientific writing（科研写作）. A type of writing whose purpose is to communicate new scientific findings to other scientists. Also sometimes includes other scientistto-scientist communications, such as review articles and grant proposals.

Society for Scholarly Publishing（美国学术出版学会）. An organization of scholars, editors, publishers, librarians, printers, booksellers, and others engaged in scholarly publishing. www. sspnet. org.

Summary（总结）. Usually a summary of conclusions, placed at the end of a paper. Different from an abstract, which usually summarizes all major parts of a paper and appears at the beginning of the paper (heading abstract).

Syntax（句法）. The order of words within phrases, clauses, and sentences.

Table（表）. Presentation of（usually）numbers in columnar form. Tables are used when many determinations need be presented and the exact numbers have importance. If only "the shape of the data" is important, a graph is usually preferable.

Thesis（学位论文）. A manuscript demanded of an advanced-degree candidate; its purpose is to prove that the candidate is capable of doing original research and writing about it. The term "dissertation" is essentially equivalent but should be reserved for a manuscript submitted for a doctorate.

Title（标题）. The fewest possible words that adequately describe the contents of a paper, book, poster, and so forth.

Typesetter（排版员）. *See* Compositor.

参考文献

Aaronson S. 1977. Style in scientific writing. In E Garfield(ed.), Essays of an information scientist, Volume 3, 4-13. Available at www. garfield. library. upenn. edu/essays/v3p004y1977-78. pdf. Accessed March 3, 2011.

American National Standards Institute. 1969. American national standard for the abbreviation of titles of periodicals. ANSI Z39. 5-1969. New York: American National Standards Institute.

American National Standards Institute. 1977. American national standard for bibliographic references. ANSI Z39. 29-1977. New York: American National Standards Institute.

American National Standards Institute. 1979a. American national standard for the preparation of scientific papers for written or oral presentation. ANSI Z39. 16 – 1979. New York: American National Standards Institute.

American National Standards Institute. 1979b. American national standard for writing abstracts. ANSI Z39. 14-1979. New York: American National Standards Institute.

Anderson JA, Thistle MW. 1947. On writing scientific papers. Bull Can J Res, December 31, 1947, NRC no. 1691.

Becker HS. 1986. Writing for social scientists: how to start and finish your thesis, book, or article. Chicago: University of Chicago Press.

Beer D, McMurrey D. 2009. A guide to writing as an engineer. 3rd ed. Hoboken, NJ: Wiley.

Bernstein TM. 1965. The careful writer: a modern guide to English usage. New York: Atheneum.

Bishop CT. 1984. How to edit a scientific journal. Baltimore: Williams and

Wilkins.

Björk B-C, Roos A, Lauri M. 2009. Scientific journal publishing: yearly volume and open access availability. Inf. Res. 14(1). Available at informationr. net/ir/14-1/paper391. html. Accessed March 3, 2011.

Blakeslee A. 1994. Late night thoughts about science writing. Quill, November/December, 35 – 38.

Blum D, Knudson M, Henig RM, eds. 2006. A field guide for science writers. 2nd ed. New York: Oxford University Press.

Booth V. 1981. Writing a scientific paper and speaking at scientific meetings. 5th ed. London: The Biochemical Society.

Briscoe MH. 1996. Preparing scientific illustrations: a guide to posters, presentations, and publications. 2nd ed. New York: Springer-Verlag.

CBE Style Manual Committee. 1983. CBE style manual: a guide for authors, editors, and publishers in the biological sciences. 5th ed. Bethesda, MD: Council of Biology Editors.

Chase S. 1954. Power of words. New York: Harcourt, Brace. The Chicago manual of style. 2010. 16th ed. Chicago: University of Chicago Press.

Clark C. 2005. Conflict of interest and scientific publication: a synopsis of the CSE retreat. Science Editor. 28: 39 – 43.

Claxton LJ. 2005. Scientific authorship. Part 2. History, recurring issues, practices, and guidelines. Mutat Res. 589: 31 – 45.

Coghill AM, Garson LR, eds. 2006. The ACS style guide: effective communication of scientific information. 3rd ed. Washington, DC: American Chemical Society; New York: Oxford University Press.

Committee on Science, Engineering, and Public Policy. 2009. On being a scientist: a guide to responsible conduct in research. 3rd ed. Washington, DC: National Academies Press. Available at www. nap. edu/catalog. php?record_ id = 12192. Accessed March 3, 2011.

Council of Biology Editors. 1968. Proposed definition of a primary publication. Newsletter, Council of Biology Editors, November 1968, 1 – 2.

Cromey DW. 2010. Avoiding twisted pixels: ethical guidelines for the appropriate use and manipulation of scientific digital images. Sci Eng Ethics. DOI 10.1007/s1 1948-010-9201-y.

Daugherty G. 1999. You can write for magazines. Cincinnati: Writer's Digest Books.

Davidoff F. 2000. Who's the author? Problems with biomedical authorship, and some possible solutions. Science Editor. 23: 111 – 119.

Day RA. 1975. How to write a scientific paper. ASM News. 42: 486 – 494.

Day RA, Gastel B. 2006. How to write and publish a scientific paper. 6th ed. Westport, CT: Greenwood Press.

Day RA, Sakaduski ND. 2011. Scientific English: a guide for scientists and other professionals. 3rd ed. Santa Barbara, CA: ABC – CLIO.

Dean C. 2009. Am I making myself clear? A scientist's guide to talking to the public. Cambridge, MA: Harvard University Press.

Ebel HF, Bliefert C, Russey WE. 2004. The art of scientific writing: from student reports to professional publications in chemistry and related fields. 2nd ed. Weinheim, Germany: Wiley-VCH.

Einsohn E. 2006. The copyeditor's handbook: a guide for book publishing and corporate communications. 2nd ed. Berkeley: University of California Press.

Fowler HW. 1965. A dictionary of modern English usage. 2nd ed. London: Oxford University Press.

Friedland AJ, Folt CL. 2009. Writing successful science proposals. 2nd ed. New Haven, CT: Yale University Press.

Gahran A. 2000. Instant information. Writer's Digest, June 2000, 48 – 49.

Gahran A. 2001. Repurposing content for the Web. Writer's Digest, June 2001, 50 – 51.

Garfield E. 1999. Journal impact factor: a brief review. CMAJ. 161: 979 – 980.

Gastel B. 1983. Presenting science to the public. Philadelphia: ISI Press.

Gastel B. 1991. A strategy for reviewing books for journals. BioScience. 41: 635 – 637.

Gastel B. 2005. Health writer's handbook. 2nd ed. Ames, IA: Blackwell.

Germano W. 2005. From dissertation to book. Chicago: University of Chicago

Press.

Godlee F, Jefferson T, eds. 1999. Peer review in health sciences. London: BMJ Books.

Hall GM, ed. 2008. How to write a paper. 4th ed. Malden, MA: Blackwell.

Halm EA, Landon BE. 2007. Everything you wanted to know about writing a research abstract but were too afraid(or started too late) to ask. SGIM Forum 30 (12): 2, 13. Available at www. sgim. org/userfiles/file/Forum200712. pdf. Accessed March 3, 2011.

Hancock E. 2003. Ideas into words: mastering the craft of science writing. Baltimore: Johns Hopkins University Press.

Hartley J. 2007. Colonic titles! The Write Stuff. 16: 147 – 149.

Hayes R, Grossman D. 2006. A scientist's guide to talking with the media: practical advice from the Union of Concerned Scientists. New Brunswick, NJ: Rutgers University Press.

Houghton B. 1975. Scientific periodicals: their historical development, characteristics and control. Hamden, CT: Shoe String Press.

Huth EJ. 1987. Medical style and format: an international manual for authors, editors, and publishers. Baltimore: Williams and Wilkins.

Huth EJ. 1999. Writing and publishing in medicine. 3rd ed. Baltimore: Williams and Wilkins.

International Committee of Medical Journal Editors. Uniform requirements for manuscripts submitted to biomedical journals. www. icmje. org/urm_ main. html. Accessed March 3, 2011.

Iverson C. 2002. US medical journal editors'attitudes toward submissions from other countries. Science Editor. 25: 75 – 78. Available at www. councilscienceeditors. org/files/scienceeditor/v25n3p075 – 078. pdf. Accessed March 3, 2011.

Iverson C, Christiansen S, Flanagin A, Fontanarosa PB, Glass RM, Gregoline B, Lurie SJ, Meyer HS, Winker MA, Young RK. 2007. AMA manual of style: a guide for authors and editors. 10th ed. New York: Oxford University Press.

Kanel S, Gastel B. 2008. Careers in science editing: an overview to use or share. Science Editor. 31: 18 – 22. Available at www. councilscienceeditors. org/files/

scienceeditor/v31n1p018 – 022. pdf. Accessed March 3, 2011.

Keegan DA, Bannister SL. 2003. Effect of colour coordination of attire with poster presentation on poster popularity. CMAJ. 169: 1291 – 1292.

Lang TA. 2010. How to write, publish, and present in the health sciences: a guide for clinicians and laboratory researchers. Philadelphia: American College of Physicians.

Lederer R. 1987. Anguished English. New York: Dell.

Lewis MA. 2008. The financing and cost accounting of science: budgets and budget administration. In LM Scheier and WL Dewey (eds.), The complete writing guide to NIH behavioral science grants, 347 – 395. New York: Oxford University Press.

Lock S. 1985. A difficult balance: editorial peer review in medicine. London: The Nuffield Provincial Hospitals Trust.

Maggio R. 1997. Talking about people: a guide to fair and accurate language. Phoenix: Oryx Press.

McGirr CJ. 1973. Guidelines for abstracting. Tech Commun. 25(2): 2 – 5.

Menninger H, Gropp R. 2008. Communicating science: a primer for working with the media. Washington, DC: American Institute of Biological Sciences.

Meyer RE. 1977. Reports full of "gobbledygook." J Irreproducible Results. 22(4): 12.

Michaelson HB. 1990. How to write and publish engineering papers and reports. 3rd ed. Phoenix: Oryx Press.

Mitchell JH. 1968. Writing for professional and technical journals. New York: Wiley.

Mitrany D. 2005. Creating effective poster presentations: the editor's role. Science Editor. 28: 114 – 116. Available at http://www. councilscienceeditors. org/files/scienceeditor/v28n4p114 – 116. pdf. Accessed March 3, 2011.

Morgan P. 1986. An insider's guide for medical authors and editors. Philadelphia: ISI Press.

Morrison JA. 1980. Scientists and the scientific literature. Scholarly Publishing. 11: 157 – 167.

O'Connor M. 1978. Standardisation of bibliographical reference systems. Br Med J. 1(6104): 31 – 32.

O'Connor M. 1991. Writing successfully in science. London: HarperCollins Academic.

O'Connor M, Woodford FP. 1975. Writing scientific papers in English: an ELSECiba Foundation guide for authors. Amsterdam: Associated Scientific.

Outing S. 2001. Think locally, write globally. Writer's Digest, July 2001, 52 – 53.

Peat J, Elliott E, Baur L, Keena V. 2002. Scientific writing: easy when you know how. London: BMJ Books.

Penrose AM, Katz SB. 2010. Writing in the sciences: exploring conventions of scientific discourse. 3rd ed. New York: Longman.

Pequegnat W, Stover, E. 1995. How to write a successful research grant application: a guide for social and behavioral scientists. New York: Plenum Press.

Publication manual of the American Psychological Association. 6th ed. 2010. Washington, DC: American Psychological Association.

Ratnoff OD. 1981. How to read a paper. In KS Warren(ed.), Coping with the biomedical literature, 95 – 101. New York: Praeger.

Reid WM. 1978. Will the future generations of biologists write a dissertation? BioScience. 28: 651 – 654.

Rosner JL. 1990. Reflections on science as a product. Nature. 345: 108.

Rowan KE. 1990. Strategies for explaining complex science news. Journalism Educator. 45(2): 25 – 31.

Schwartz M, and the Task Force on Bias-Free Usage of the Association of American University Presses. 1995. Guidelines for bias-free writing. Bloomington: Indiana University Press.

Scott-Lichter D, and the Editorial Policy Committee, Council of Science Editors. 2009. CSE's white paper on promoting integrity in scientific journal publications, 2009 update. Reston, VA: Council of Science Editors. Available at www.councilscienceeditors.org/i4a/pages/index.cfm?pageid = 3331. Accessed March 3, 2011.

Sternberg RJ, Sternberg K. 2010. The psychologist's companion: a guide to writing scientific papers for students and researchers. 5th ed. New York: Cambridge University Press.

Stocking SH, and the Writers of the New York Times. 2011. The New York Times reader: science and technology. Washington, DC: CQ Press.

Strunk W Jr, White EB. 2000. The elements of style. 4th ed. Boston: Allyn and Bacon.

Style Manual Committee, Council of Science Editors. 2006. Scientific style and format: the CSE manual for authors, editors, and publishers. 7th ed. Reston, VA: Council of Science Editors.

Sun XL, Zhou J. 2002. English versions of Chinese authors'names in biomedical journals: observations and recommendations. Science Editor. 25: 3 – 4. Available at http: //www. councilscienceeditors. org/files/scienceeditor/v25n1p003 – 004. pdf. Accessed March 3, 2011.

Task Force of Academic Medicine and the GEA-RIME Committee. 2001. Checklist of review criteria. Acad. Med. 76: 958 – 959. Available at http: //journals. lww. com/academicmedicine/pages/default. aspx. Accessed March 3, 2011.

Taylor RB. 2005. The clinician's guide to medical writing. New York: Springer.

Thornton RJ. 1987. "I can't recommend the candidate too highly" an ambiguous lexicon for job recommendations. Chronicle of Higher Education, February 25, 42.

Trelease SF. 1958. How to write scientific and technical papers. Baltimore: Williams and Wilkins.

Tuchman BW. 1980. The book: a lecture sponsored by the Center for the Book in the Library of Congress and the Authors League of America. Washington, DC: Library of Congress.

United States National Library of Medicine. 2009. International Committee of Medical Journal Editors(ICMJE) uniform requirements for manuscripts submitted to biomedical journals: sample references. www. nlm. nih. gov/bsd/uniform_ requirements. html. Accessed March 3, 2011.

Weiss EH. 1982. The writing system for engineers and scientists. Englewood Cliffs, NJ: Prentice-Hall.

Weiss EH. 2005. The elements of international English style: a guide to writing correspondence, reports, technical documents, and Internet pages for a global audience. Armonk, NY: Sharpe.

Wiley S. 2009. Bring back reprint requests. The Scientist. 23(9): 29.

Zeiger M. 2000. Essentials of writing biomedical research papers. 2nd ed. New York: McGraw-Hill.

Zerubavel E. 1999. The clockwork muse: a practical guide to writing theses, dissertations, and books. Cambridge, MA: Harvard University Press.